严格依据中华人民共和国住房和城乡建设部印发的
造价工程师职业资格考试大纲编写

全国一级造价工程师职业资格考试

名师讲义及同步强化训练

建设工程造价案例分析
(土木建筑工程、安装工程)

◎ 环球网校造价工程师考试研究院 组编

图书在版编目（CIP）数据

建设工程造价案例分析/环球网校造价工程师考试研究院组编．—北京：中国石化出版社，2019.8（2019.12重印）
全国一级造价工程师职业资格考试·名师讲义及同步强化训练
ISBN 978-7-5114-5488-1

Ⅰ.①建… Ⅱ.①环… Ⅲ.①建筑造价管理—案例—资格考试—自学参考资料 Ⅳ.①TU723.3

中国版本图书馆CIP数据核字（2019）第157887号

中国石化出版社出版发行

地址：北京市东城区安定门外大街58号
邮编：100011 电话：（010）57512500
发行部电话：（010）57512575
http：//www.sinopec-press.com
E-mail：press@sinopec.com
三河市文阁印刷有限公司印刷
全国各地新华书店经销

*

787×1092毫米16开本12.5印张304千字
2019年12月第1版第2次印刷
定价：45.00元

全国一级造价工程师职业资格考试
名师讲义及同步强化训练·建设工程造价案例分析

编 委 会

主　　审	夏立明
本册主编	王宏伟　王　颖　汤　菁
参编人员 （排名不分先后）	陈　辉　赵知启　蒋莉莉 武立叶　张　静　胡倩倩

编者寄语

造价工程师是建设行业中较为重要的职业之一，其工作涉及建设工程项目的投资决策、方案比选、造价文件编制、合同管理、工程结算等多个环节和阶段，在投资控制方面承担着主要工作，在当今越来越重视投资效益的时代，其重要程度不言而喻。

正是因为造价工程师的重要作用和地位，国家将其列入职业资格准入目录，要想成为一名造价工程师，考取职业资格证书是必备条件之一。造价工程师需要具备扎实的理论知识和丰富的实践经验，因此造价工程师职业资格考试的报考条件较为严格，考试难度较大，历年考试通过率较低，尤其是一级造价工程师。

环球网校是以建设工程领域职业资格培训为主要业务之一的教育机构，多年来凭借其优质的服务和资深的师资力量，取得了较好的成绩，也赢得了广大学员的认可和称赞。为了更好的服务学员，提供优质的复习材料，网校特别组织相关老师及教学团队，编写出版了本套《全国一级造价工程师职业资格考试·名师讲义及同步强化训练》，我有幸担任一级造价工程师建设工程造价案例分析科目（土木建筑工程、安装工程）的主编。该书主要是根据考试大纲的要求，以1V1讲义为蓝本对相关知识点做了较为系统的阐述，针对在课堂上学员较为普遍的问题作以解答，结合历年真题出题特点有针对性地设置一些练习题目与真题解析，实现理论知识、疑难解析、习题训练相结合，适合作为报考一级造价工程师考生的复习资料。

由于本人水平有限，书中内容不免有考虑不周或错误之处，希望广大读者予以谅解，并欢迎批评指正。本书在编写过程中借鉴了诸多文献，在此表示感谢。特别感谢环球网校提供的平台，感谢王颖、汤菁老师及教学团队所做的大量工作，没有你们，不成此书。总之，一切的一切，就是希望能够为广大学员的复习带来一定的帮助，助力大家早日成为一名合格、优秀的造价工程师。

王宏伟

本书特点

➢ 名师执笔，倾心打造精编教辅

本套丛书由环球网校造价工程师考试研究院组织一线名师执笔编写。在编写过程中，作者以最新考试大纲为依据，融合多年的教学经验，针对近年来的命题趋势，对知识点进行了梳理、归类和整理，逻辑清晰、内容精炼，便于读者备考，提高复习效率。

➢ 脉络清晰，构建完整知识体系

在本套丛书中，每章都配有学习提示、知识脉络、考情分析等栏目。“学习提示”旨在为读者提供学习本章的主要思路，让读者迅速把握重点、难点。“知识脉络”旨在为读者提供知识框架及学习要点，有助于读者提纲挈领地掌握本章知识框架，缕清知识脉络，避免走入“只见树木，不见森林”的误区。“考情分析”旨在让读者了解本章知识点在历年考试中所考察的分值，从而把握重点章节，进行有针对性的学习。

➢ 重点突出，提高复习备考效率

本套丛书在编写过程中统计了每个知识点在近 10 年真题的考查情况，列出了考查年份及考查形式。考生能够通过“考分统计”这个栏目，洞悉该知识点的命题规律及命题趋势。

此外，本套丛书用波浪线画出了重要知识点中的关键词、句，采用图表、口诀、对比分等方法，帮助考生强化记忆，便于读者快速抓取关键内容，有针对性地进行学习。

➢ 学练结合，触类旁通，活学活用

唯有多做题、巧做题，才能融会贯通、举一反三，提高应试能力。本套丛书为每个知识点都配备了相应的题目，既有历年真题，也有编者精心选择的经典习题，涵盖了具体知识点的不同考查形式。此外，每章都配有章节同步训练，考生可以及时查漏补缺，夯实基础。

➢ 移动课堂，海量题库，助力通关

为更好地复习备考，环球网校造价工程师考试研究院统计了考生不易理解的知识点，在这些知识点旁边配有二维码，读者通过微信扫码即可看到老师对该知识点的讲解。此外，读者可以扫描封底二维码兑换精品课程，还可以下载题库 APP（包含章节练习、历年真题和模拟试卷三大模块），随时随地进行自测，以提升应试水平。

环球网校祝您顺利通过一级造价工程师职业资格考试！

备考指导

全国一级造价工程师职业资格考试每年举行一次，实行全国统一大纲、统一命题、统一组织的办法。考试采用滚动管理，共设 4 个科目：建设工程造价管理、建设工程计价、建设工程技术与计量、建设工程造价案例分析，滚动周期为 4 年。

一、“建设工程造价案例分析”科目考试详解

根据全国一级造价工程师职业资格考试大纲，“建设工程造价案例分析”由原来的土木建筑工程、安装工程 2 个专业类别增至土木建筑工程、交通运输工程、水利工程、安装工程 4 个专业类别，考生在报名时可根据实际工作需要选择其中一个专业。

“建设工程造价案例分析”的总分为 120 分，72 分及格。试卷题目仍为主观题。本科目采用分步累计的计分方式，试题大多数为计算题，部分知识点采用问答、判断改错形式进行考核。

二、“建设工程造价案例分析”知识体系、科目特点及分值分布

（一）知识体系

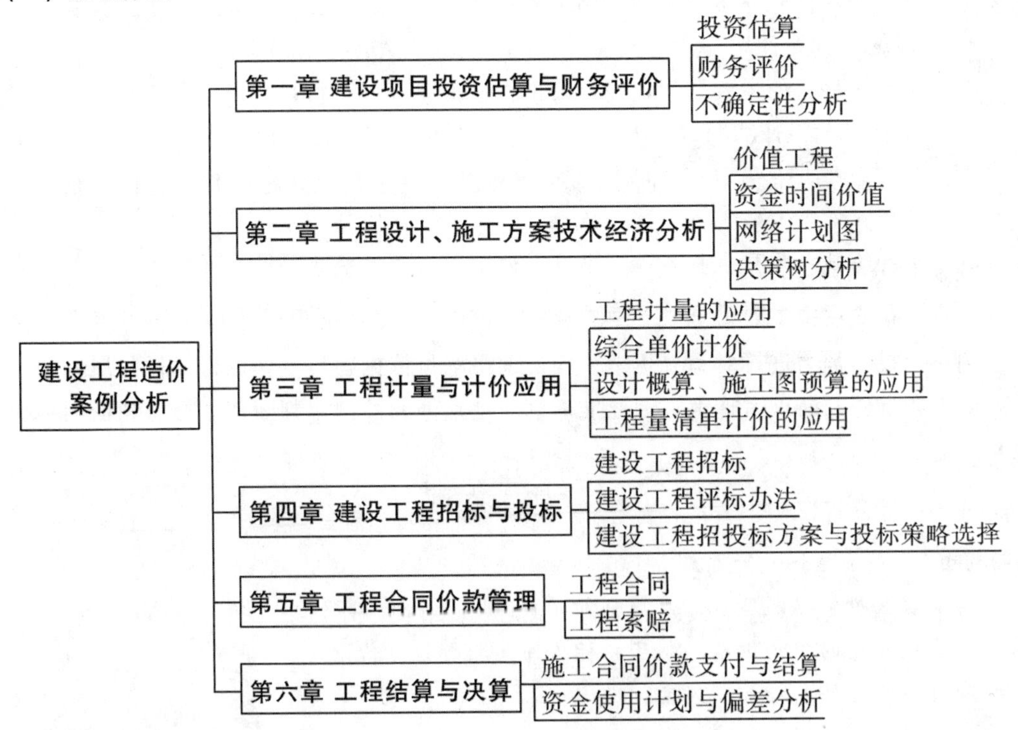

（二）科目特点

建设工程造价案例分析主要是面向从事建筑工程造价的相关人员进行的实务考试科目，主

要考查应试人员在决策阶段、设计阶段、招标投标阶段、施工阶段、竣工验收阶段进行全过程造价管理，对各个阶段进行预测、计划、控制、核算、分析和评价。本科目是基于管理、计价、计量三个科目的综合应用，考试综合性强，难度较大。

近年来，建设工程造价案例分析考试考查的知识点越来越细化，考试难度逐年增大，注重考查知识点之间的联系以及原理的应用。

（三）分值分布

表 1　2016～2019 年真题分值分布统计表　（单位：分）

章节名称	2019 年	2018 年	2017 年	2016 年
第一章 建设项目投资估算与财务评价	20	20	20	20
第二章 工程设计、施工方案技术经济分析	0	20	20	20
第三章 工程计量与计价	40	40	40	40
第四章 建设工程招标投标	20	20	20	20
第五章 工程合同价款管理	20	20	20	20
第六章 工程结算与决算	20	20	20	20

三、命题规律分析

通过研习历年真题，“伏虎要知虎性”，真题是考试中的“明灯”，把握真题类型，归纳总结考题的特点和形式，会取得事半功倍的交果。

（一）计算题

计算题是案例科目的主要题型，在建设工程造价案例分析科目分值分布统计中，计算题目占比 80%，可谓是“得计算题者，得案例”。做计算题时要掌握做题的规律，分析命题人考核的知识点，做到“快、准、狠”。同时还要注意细节，一般在计算题中要注意计算结果的精度和单位。

（二）判断分析题

这类题目在试卷中主要分布在试题二和试题三，一类是招投标题目，依据招投标法律法规、条例对招投标行为进行对错分析，一类是索赔题目依据题目事件进行责任归属判断、责任划分。此类题目先判断再写理由，因此准确判断是拿分的关键。判断理由要做到简明扼要、贴近讲义原文。

典型例题

【典型例题】

某国有资金投资建设项目，采用公开招标方式进行施工招标，业主委托具有相应招标代理和造价咨询资质的中介机构编制了招标文件和招标控制价。

该项目招标文件包括如下规定：

（1）招标人不组织项目现场勘查活动。

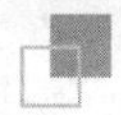

（2）投标人对招标文件有异议的，应当在投标截止时间10日前提出，否则招标人拒绝回复。

（3）投标人报价时必须采用当地建设行政管理部门造价管理机构发布的计价定额中分部分项工程人工、材料、机械台班消耗量标准。

（4）招标人将聘请第三方造价咨询机构在开标后评标前开展清标活动。

（5）投标人报价低于招标控制价幅度超过30%的，投标人在评标时须向评标委员会说明报价较低的理由，并提供证据；投标人不能说明理由，提供证据的，将认定为废标。

问题：请逐一分析项目招标文件包括的（1）～（5）项规定是否妥当，并分别说明理由。

参考答案：

（1）妥当。

理由：根据《招标投标法》，招标人根据招标项目的具体情况，可以组织潜在投标人踏勘项目现场；因此招标人可以不组织项目现场踏勘。

（2）妥当。

理由：根据《招投标法实施条例》，对招标文件有异议的，应当在投标截止时间10日前提出。招标人应当自收到异议之日起3日内作出答复；作出答复前，应当暂停招标投标活动。（注意：潜在投标人或者其他利害关系人对资格预审文件有异议的，应当在提交资格预审申请文件截止时间2日前提出）

（3）不妥当。

理由：根据相关规定，投标报价由投标人自主确定，招标人不能要求投标人采用指定的人、材、机消耗量标准。（注意，价格也不可以）

（4）妥当。

理由：根据相关规定，清标工作组应该由招标人选派或者邀请熟悉招标工程项目情况和招标投标程序、专业 水平和职业素质较高的专业人员组成，招标人也可以委托工程招标代理单位、工程造价咨询单位或者监理单位组织具备相应条件的人员组成清标工作组。

（5）不妥当。

理由：不能将因为低于招标控制价一定比例且不能说明理由作为废标的条件。在评标过程中，评标委员会发现投标人的报价明显低于其他投标报价或者在设有标底时明显低于标底的，使得其投标报价可能低于其个别成本的，应当要求该投标人作出书面说明并提供相关证明材料。投标人不能合理说明或者不能提供相关证明材料的，由评标委员会认定该投标人以低于成本报价竞标，其投标应作为废标处理。

（三）识图算量题

识图算量题目主要在试题六中考查，考核考生的专业能力和水平，针对自己所报专业有一定的识图能力，可以通过识图计算相应工程量，举例如下。

典型例题

【典型例题】

某写字楼标准层电梯厅共20套，施工企业中标的“分部分项工程和单价措施项目清单与计价表”如下表，现根据图1“标准层电梯厅楼地面铺装尺寸图”、图2“标准层电梯厅吊顶布置尺寸图”所示的电梯厅土建装饰竣工图及相关技术参数，按下列问题要求，编制电梯厅的竣工结算。

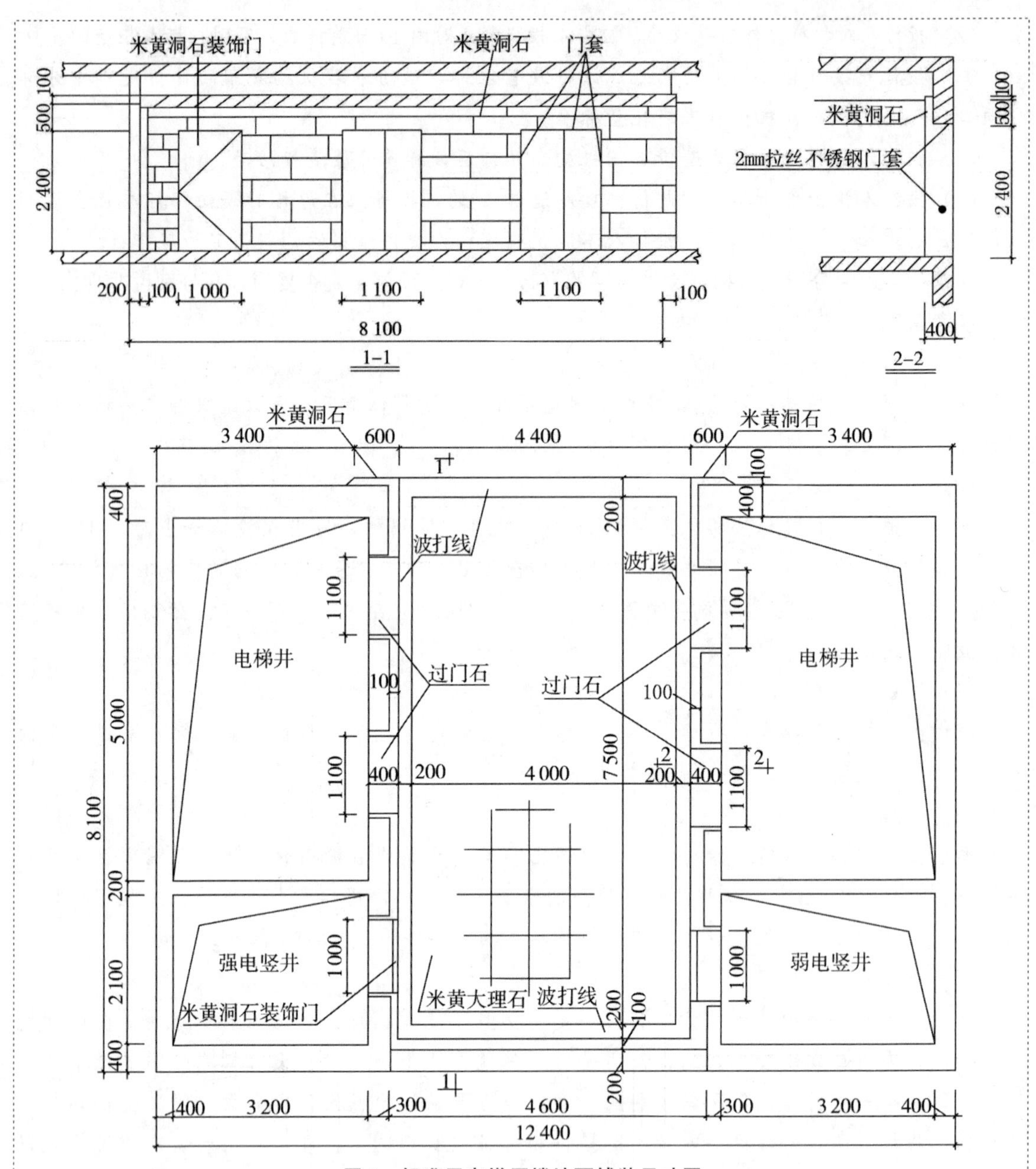

图 1　标准层电梯厅楼地面铺装尺寸图

图纸说明：

1. 本写字楼标准层电梯厅共 20 套。
2. 墙面干挂石材高度为 3000mm，其石材外皮距结构面尺寸为 100mm。
3. 弱电竖井门为钢骨架石材装饰门（主材同墙体），其门口不设过门石。
4. 电梯墙面装饰做法延展到走廊 600mm。

表 2　装修做法表

序号	装修部位	装修主材
1	楼地面	米黄大理石
2	过门石	啡网纹大理石
3	波打线	啡网纹大理石
4	墙面	米黄洞石
5	竖井装饰门	钢骨架米黄洞石
6	电梯门套	2mm 拉丝不锈钢
7	天棚	2.5mm 铝板
8	吊顶	亚布力板

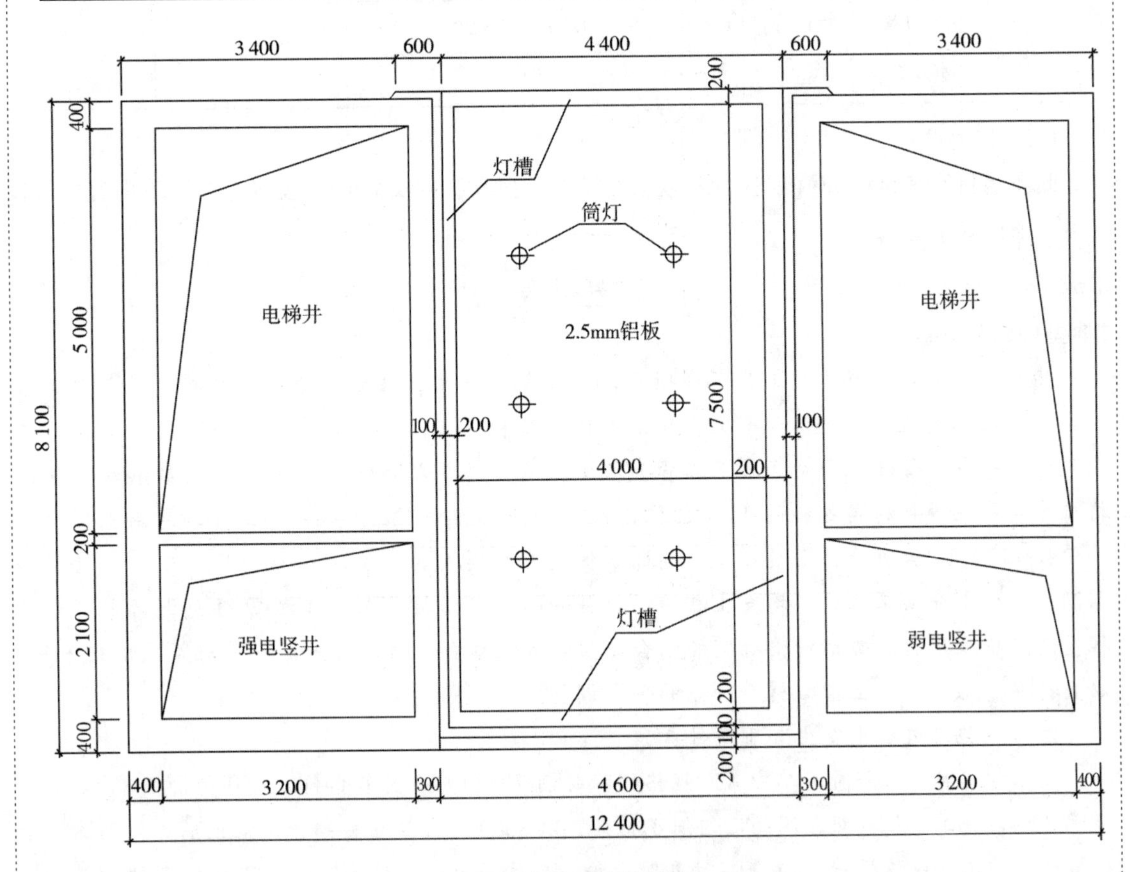

图 2　标准层电梯厅吊顶布置尺寸图

问题：根据工程竣工图纸及技术参数，按《房屋建筑与装饰工程工程量计算规范》（GB 50854—2013）的计算规则，在表 3“工程量计算表”中，列式计算该 20 套电梯厅楼地面、墙面（装饰高度 3000mm）、天棚、门和门套等土建装饰分部分项工程的结算工程量（竖井装饰门内的其他项目不考虑）。

【参考答案】

问题：

表3 工程量计算表

序号	项目名称	单位	计算过程	计算结果
1	楼地面	m^2	4.0×7.5×20	600.00
2	波打线	m^2	0.2×（7.5+4.4）×2×20	95.20
3	过门石	m^2	0.4×1.1×4×20	35.20
4	墙面	m^2	[3.0×（4.4+0.6×2+7.9×2）−1.0×2.4×2−1.1×2.4×4]×20	976.80
5	竖井装饰门	m^2	1.0×2.4×2×20	96.00
6	电梯门套	m^2	0.4×（1.1+2.4×2）×4×20	188.80
7	天棚	m^2	4.0×7.5×20	600.00
8	吊顶灯槽	m^2	0.2×（7.5+4.4）×2×20	95.20
9	吊顶脚手架	m^2	4.0×7.9×20	695.20

（四）简答题

此类题目在考试中分值较低，一般会在试题三出现。此类题目一般多考查清单内容或合同内容，举例如下。

典型例题

【典型例题】

某企业自筹资金新建的工业厂房项目，建设单位采用工程量清单方式招标，并与施工单位按《建设工程施工合同（示范文本）》签订了工程施工承包合同。合同工期270天，施工承包合同约定：管理费和利润按人工费和施工机具使用费之和的40%计取，规费和税金按人材机费、管理费和利润之和的11%计取；人工费平均单价按120元/工日计，通用机械台班单价按1100元/台班计；人员窝工、通用机械闲置补偿按其单价的60%计取，不计管理费和利润；各分部分项工程施工均发生相应的措施费，措施费按其相应工程费的30%计取，对工程量清单中采用材料暂估价格确定的综合单价，如果该种材料实际采购价格与暂估价格不符，以直接在该综合单价上增减材料价差的方式调整。

该工程施工过程中发生如下事件：

施工招标时，工程量清单中ϕ25规格的带肋钢筋材料单价为暂估价，暂估价价格3500元/t，数量260t，施工单位按照合同约定组织了招标，以3600元/t的价格购得该批钢筋并得到建设单位确认，施工完成该材料130t进行结算时，施工单位提出：材料实际采购价格比暂估材料价格增加了2.86%，所以该项目的结算综合单价应调增2.86%，调整内容见表4。已知：该规格带肋钢筋主材损耗率为2%。

表 4　分部分项工程量综合单价调整表

工程名称：××工程　　标段：　　　　　　　　　　第 1 页　共 1 页

序号	项目编码	项目名称	已标价清单综合单价/元					调整后综合单价/元				
			综合单价	其中				综合单价	其中			
				人工费	材料费	机械费	管理费和利润		人工费	材料费	施工机具使用费	管理费和利润
1	××	带肋钢筋 $\phi25$	4210.27	346.52	3639.52	61.16	163.07	4330.68	356.43	3743.61	62.91	167.73

问题：事件中，由施工单位自行招标采购暂估价材料是否合理？说明理由。施工单位提出综合单价调整表（表 4）的调整方法是否正确？说明理由。该清单项目结算综合单价应是多少？核定结算款应为多少？

【参考答案】

（1）事件中，由施工单位自行招标采购暂估价材料不合理。

理由：按照合同约定暂估价的材料属于依法必须招标的，由发承包双方以招标的方式选择供应商。依法确定中标价格后，以此为依据取代暂估价，调整合同价款。

（2）施工单位提出综合单价调整表（表 4）的调整方法不正确。

理由：根据合同约定，对工程量清单中采用材料暂估价格确定的综合单价，如果该种材料实际采购价格与暂估价格不符，以直接在该综合单价上增减材料价差的方式调整。不应当调整综合单价中的人工费、机械费、管理费和利润。

（3）该清单项目结算综合单价＝4210.27＋（3600－3500）×（1＋2%）＝4312.27（元）。

（4）核定结算款＝4312.27×130×（1＋11%）＝622260.56（元）。

四、学习技巧及复习建议

（一）学习技巧

1. 制定学习计划

（1）“凡事预则立不预则废”，建议大家制定合理学习计划，明确自己每天、每周、每月的学习任务。所制订的学习计划必须量化。

（2）学习计划建议分两步，先学完两门基础科目，再学案例，案例学习时间占 60%以上。其中，专业计量可以穿插学习。

2. 学习中融会贯通

案例是管理、计量、计价三个科目的综合考查，复习时要注意对每一个题型甚至整个科目构建知识框架。我们不仅要很投入地去学习每个知识点，更要注重它们之间的联系，注重对解题思路整体性的把控。

3. 制订自己的易错知识点集

“一个人不能被同一块石头绊倒两次。”制订自己的易错知识点集，即建立一个错题本，在后续的复习中可以着重记忆、不断强化。

（二）学习方法

对于案例科目的学习，建议大家可以分为四个层次进行复习：

1. 梳理讲义，了解考试内容

针对四个科目进行浅层次的学习，学习过后要能清楚讲义的知识框架，为下一步的深入学习打下基础。

2. 配合习题深入学习重要考点

通过习题掌握每个题型的考点，认真“研读”历年考题，总结做题思路、语言表达方式。在做题过程中，时注重速度训练，限时完成题目。

3. 考前模拟，培养考试感觉

严格按照考试时间，做整套模拟试卷，了解自己在高度紧张状态下做题的准确程度和速度。通过模拟测试选定适于自己的答题顺序，优先做完自己擅长的题目，后做题量大、失分率高的题目。

4. 考前强化记忆

造价案例考试综合性很强，需要记忆的知识点、公式等较多。在考前 2～3 天一定要把重要知识点、公式、每类题的解题思路默写或默念一遍，避免考试时出现记忆模糊、公式漏项的情况。

目　录

第一章　建设项目投资估算与财务评价

“工程未动，造价先行。”项目的投资估算是项目建议书和可行性研究阶段进行项目决策、资金筹集和控制造价的重要依据。财务分析是从项目的角度计算项目的效益和费用，通过财务指标分析项目的盈利能力、偿债能力和财务生存能力。

第一章在考试中对应试题一，共计20分。建设项目投资估算与财务评价的题涵盖知识点较多、题型灵活综合，是每年考试中得分率相对较低的题目。对于此章知识点重在理解基本原理，以及灵活应用。

知识脉络

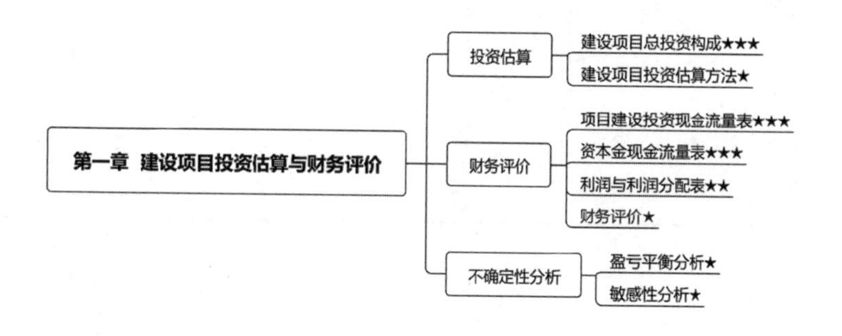

考情分析

近四年真题分值分布统计表

（单位：分）

模块	知识点	近四年考查情况		分值
		年份	考查知识点	
模块一：投资估算	知识点1：建设项目总投资构成	2019	建设期贷款利息及年固定资产折旧额	4
		2018	建设投资的计算	4
		2017	建设期贷款利息、固定资产投资的计算	4
		2016	建设投资的计算	4.5
	知识点2：建设项目投资估算方法	2019	—	0
		2018	—	0
		2017	—	0
		2016	系数估算法的应用	2
模块二：财务评价	知识点3：项目建设投资现金流量表	2019	—	0
		2018	增值税；调整所得税；投资现金流量表	13
		2017	—	0
		2016	总成本费用	4
	知识点4：资本金现金流量表	2019	增值税、所得税	3
		2018	—	0
		2017	等额还本付息；总成本费用的计算	8
		2016	等额还本、利息照付	3

续表

模块	知识点	近4年考查情况		分值
		年份	考查知识点	
模块二：财务评价	知识点5：利润与利润分配表	2019	税前利润、所得税、税后利润、未分配利润	7
		2018	—	0
		2017	偿还借款资金来源	4
		2016	净利润；所得税；累计盈余资金	6.5
	知识点6：财务评价指标	2019	资本金净利润率	4
		2018	总投资收益率的计算及分析	3
		2017	资本金净利润率	4
		2016	偿债备付率的计算	6
模块三：不确定性分析	知识点7：盈亏平衡分析	2019	盈亏平衡下不含税销售单价	2
		2018	—	0
		2017	—	0
		2016	—	0
	知识点8：敏感性分析	2019	—	0
		2018	—	0
		2017	—	0
		2016	—	0

模块一：投资估算

知识点 1　建设项目总投资构成

一、建设项目总投资费用的构成

建设项目总投资包括三部分：建设投资、建设期利息和流动资产投资。

生产性建设项总投资的计算公式如下：

生产性建设项目总投资＝固定资产投资＋流动资产投资

＝建设投资＋建设期利息＋流动资金

非生产性建设项目总投资的计算公式如下：

非生产性建设项目总投资＝建设投资＋建设期利息

二、建设投资

（一）建设投资构成

建设投资的计算公式如下：

建设投资＝工程费用＋工程建设其他费用＋预备费

＝（建筑安装工程费＋设备及工器具购置费）＋工程建设其他费＋（基本预备费＋价差预备费）

建设投资构成见表 1-1-1。

表 1-1-1　建设投资构成

费用构成		具体内容
1. 工程费用	（1）设备及工器具购置费	1）设备购置费＝设备原价＋设备运杂费 2）设备运杂费＝设备原价×设备运杂费率 3）工具、器具及生产家具购置费＝设备购置费×定额费率
	（2）建筑安装工程费	建筑安装工程费用公式： 1）按费用构成要素划分： 建筑安装工费费用＝人工费＋材料费＋施工机具使用费＋企业管理费＋利润＋规费＋税金 2）按造价形成划分： 建筑安装工费费用＝分部分项工程费用＋措施项目费用＋其他项目费用＋规费＋税金
2. 工程建设其他费用	（1）形成固定资产：咨询费、设计费、建设管理费等 （2）形成无形资产：专利、专有技术、土地使用权 （3）形成其他资产：开办费等	

续表

费用构成		具体内容
3. 预备费	(1) 基本预备费	基本预备费公式： 基本预备费＝（工程费用＋工程建设其他费用）×基本预备费费率 ＝（建筑安装工程费用＋设备及工器具购置费＋工程建设其他费用）×基本预备费费率 形成固定资产
	(2) 价差预备费	价差预备费公式： $PF=\sum_{t=1}^{n} I_t\left[(1+f)^m(1+f)^{0.5}(1+f)^{t-1}-1\right]$ 式中，PF——价差预备费；n——建设期年份数；I_t——建设期中第 t 年的投资计划额（包括工程费用、工程建设其他费用及基本预备费，即第 t 年的静态投资计划额）；f——年涨价率；m——建设前期年限（从编制估算到开工建设，单位：年） 形成固定资产

注：(1) 对于"工程建设其他费用"考试中一般无需计算，题目会给出相应金额，但需要注意区分工程建设其他费形成了哪些类型的费用，对固定资产的计算有影响。

(2) 表中内容的学习顺序为从左往右，但考试时计算的逻辑顺序为从右往左，注意思维的转换。

(二) 进口设备费用的构成

设备及工器具购置费由两部分组成：设备购置费和工具、器具及生产家具购置费。

设备原价包括国产设备原价和进口设备原价。进口设备原价费用的构成见表 1-1-2。

表 1-1-2　进口设备原价费用的构成

费用构成	具体内容
进口设备的原价（抵岸价）	进口设备抵岸价＝货价＋国际运费＋运输保险费＋进口从属费
(1) 货价	货价＝装运港船上交货价＝离岸价（题目给定）＝FOB 价×汇率
(2) 国际运费	国际运费（海、陆、空）＝原币货价（FOB）×运费率 国际运费（海、陆、空）＝运量×单位运价
(3) 运输保险费（价内费）	运输保险费＝$\frac{\text{原币货价（FOB）＋国外运费}}{\text{1－保险费率}}$×保险费率
(4) 进口从属费	进口从属费＝银行财务费＋外贸手续费＋关税＋消费税＋进口环节增值税＋车辆购置税 银行财务费＝离岸价格（FOB）×人民币外汇汇率×银行财务费率 外贸手续费＝到岸价格（CIF）×人民币外汇汇率×外贸手续费率 ＝［离岸价格（FOB）＋国际运费＋运输保险费］×人民币外汇汇率×外贸手续费率 关税＝到岸价格（CIF）×人民币外汇汇率×进口关税税率 ＝［离岸价格（FOB）＋国际运费＋运输保险费］×人民币外汇汇率×进口关税税率 消费税（价内税）＝$\frac{\text{到岸价（人民币）＋关税}}{\text{1－消费税税率}}$×消费税税率 进口环节增值税额＝组成计税价格×增值税税率 ＝（关税完税价格＋关税＋消费税）×增值税税率 进口车辆购置税＝（关税完税价格＋关税＋消费税）×进口车辆购置税率
CFR 价	CFR 价＝运费在内价＝FOB＋国际运费
CIF 价	CIF 价＝到岸价＝关税完税价格（数值上）＝FOB＋国际运费＋运输保险费＝CFR＋运输保险费

三、建设期利息

（一）年初发生

1. 每年末支付利息

每年末支付利息公式如下：

建设期利息=∑（年初本金×利率）

2. 不支付利息

不支付利息公式如下：

建设期利息=∑［（年初本金+以前年度的利息）×利率］

（二）均衡发生

1. 每年末支付利息

每年末支付利息公式如下：

建设期利息=∑［（年初本金+当年借款/2）×利率］

2. 不支付利息

不支付利息公式如下：

建设期利息=∑［（年初本金+以前年度的利息+当年借款/2）×利率］

$$q_j = \left(P_{j-1} + \frac{1}{2}A_j\right) \cdot i$$

式中，q_j——建设期第 j 年应计利息；P_{j-1}——建设期第（$j-1$）年末贷款余额；A_j——建设期第 j 年贷款金额；i——年利率。

四、流动资金

流动资金计算方法分类见表 1-1-3。

表 1-1-3　流动资金分类

流动资金计算方法分类	具体内容
分项详细估算法	流动资金=流动资产-流动负债 流动资产=应收账款+预付账款+存货现金 流动负债=应付账款+预收账款 流动资金本年增加额=本年流动资金-上年流动资金
扩大指标估算法	年流动资金额=年费用基数×各类流动资金率 一般常用的基数有营业收入、经营成本、总成本费用和建设投资等

注：流动资金考试中一般无需计算，题目直接给出。

➤ **考分统计**：依据近 4 年真题统计的情况，“建设项目总投资构成”每年必考，具体每年考查内容会有调整，但均为总投资构成相关费用，属于必须掌握的内容。

知识点 2　建设项目投资估算方法

一、建设投资静态投资部分的估算

建设投资静态投资部分的估算方法见表 1-1-4。

表 1-1-4 建设投资静态投资部分的估算方法

投资估算方法	具体内容
生产能力指数法	$$C_2=C_1\left(\frac{Q_2}{Q_1}\right)^x\cdot f$$ 式中，x——生产能力指数；C_2——拟建项目静态投资额；C_1——已建类似项目的静态投资额；Q_2——拟建项目生产能力；Q_1——已建类似项目的生产能力；f——不同时期、不同地点的定额、单价、费用变更等的综合调整系数
系数估算法	(1) 设备系数法公式如下：$$C=E\ (1+f_1P_1+f_2P_2+f_3P_3+\cdots)\ +I$$ 式中，C——拟建项目的静态投资；E——拟建项目根据当时当地价格计算的设备购置费；P_1，P_2，$P_3\cdots$——已建项目中建筑安装工程费及其他工程费等与设备购置费的比例；f_1，f_2，$f_3\cdots$——由于时间地点因素引起的定额、价格、费用标准等变化的综合调整系数；I——拟建项目的其他费用
	(2) 主体专业系数法公式如下：$$C=E\ (1+f_1P'_1+f_2P'_2+f_3P'_3+\cdots)\ +I$$ 式中，C——拟建项目的静态投资；E——拟建项目根据当时当地价格计算的设备购置费；P'_1，P'_2，$P'_3\cdots$——已建项目中各专业工程费用与工艺设备投资的比重；f_1，f_2，$f_3\cdots$——由于时间地点因素引起的定额、价格、费用标准等变化的综合调整系数；I——拟建项目的其他费用
指标估算法	依据各种具体的投资估算指标，进行各单位工程或者单项工程投资的估算，再按照相关规定估算工程建设其他费用、基本预备费等

二、建设投资动态部分的估算

动态投资包括两个部分：价差预备费和建设期利息。动态部分的估算应以基准年静态投资的资金使用计划为基础来计算，而不是以编制年的静态投资为基础计算。

三、流动资金估算

流动资金估算包括两种方法：一种是分项详细估算法；另一种是扩大指标估算法。具体内容见知识点 1 中“四、流动资金”。

➤ **考分统计**：依据近 4 年真题统计的情况，“建设项目投资估算方法”仅在 2016 年进行了考查，考查频率为 25%，但作为基础知识点内容及解题思路，是需要重点掌握的内容。

模块二：财务评价

知识点 3 项目建设投资现金流量表

投资现金流量分析是项目融资前分析的主要手段，由于融资前分析与融资条件无关，仅对方案的盈利能力进行分析，主要计算项目的财务净现值、投资内部收益率、静态投资回收期三项财务指标，对项目进行财务评价。项目投资现金流量表内容构成及计算要点，见表 1-2-1。

表 1-2-1　项目建设投资现金流量表

投资现金流量表结构组成		计算要点
序号	项目	
1	现金流入	对应各年份，(1.1) ＋ (1.2) ＋ (1.3) ＋ (1.4) ＋ (1.5)
1.1	营业收入（不含销项税额）	年营业收入＝设计生产能力×产品单价（不含税）×年生产负荷 【注意】若题目中有生产负荷（%）的要求，注意乘相应的比例计算
1.2	销项税额	销项税额＝销售量×单价×税率；或题目已知
1.3	补贴收入	一般是政府补贴，题目已知
1.4	回收固定资产余值	固定资产余值＝年折旧费×（固定资产使用年限－运营期）＋残值 年折旧费＝（固定资产原值－残值）/折旧年限 固定资产残值＝固定资产原值×残值率 【注意】①项目建设投资现金流量分析属于融资前分析，计算固定资产原值时，固定资产原值不含建设期利息；②回收固定资产余值在运营期最后1年填写
1.5	回收流动资金	各年投入的流动资金在项目运营期最后1年全额回收
2	现金流出	对应各年份，(2.1) ＋ (2.2) ＋ (2.3) ＋ (2.4) ＋ (2.5) ＋ (2.6) ＋ (2.7) ＋ (2.8)
2.1	建设投资	建设投资＝工程费＋工程建设其他费＋预备费
2.2	流动资金投资	发生在运营期，依据题目要求填写
2.3	经营成本（不含进项税额）	发生在运营期各年，题目已知 【注意】若题目中有生产负荷（%）的要求，注意乘以相应比例计算
2.4	进项税额	发生在运营期各年，一般题目已知
2.5	应纳增值税	增值税应纳税额＝当期销项税额－当期进项税额－可抵扣的固定资产进项税额 【注意】当期销项税额＜当期进项税额不足抵扣时，其不足部分可以结转下期继续抵扣
2.6	增值税附加	增值税附加＝增值税×增值税附加税率
2.7	维持运营投资	一般题目已知
2.8	调整所得税	调整所得税＝息税前利润 ×所得税率 息税前利润＝营业收入（不含销项税额）－经营成本（不含进项税额）－折旧费－摊销费－维持运营投资（计入总成本的）－增值税附加＋补贴收入
3	所得税后净现金流量 (1－2)	对应各年，(1) － (2)
4	累计税后净现金流量	各对应年份的第3项的累计值
5	基准收益率	一般题目已知折现系数 $(1+i)^{-t}$
6	折现后净现金流量	对应年份的 (3) × (5)
7	累计折现后净现金流量	各对应年份的第3项的累计值 【注意】累计折现后净现金流量最后一年的值即为项目的净现值（*FNPV*）

注：总成本费用和经营成本的估算。

(1) 总成本费用和经营成本的估算。

按生产要素估算法估算总成本费用的公式如下：

总成本费用＝外购原材料、燃料及动力费＋工资及福利费＋修理费＋折旧费＋摊销费＋（财务费用）利息支出＋其他费用

经营成本＝外购原材料、燃料及动力费＋工资及福利费＋修理费＋其他费用

所以，由以上两式可得：

总成本费用＝经营成本＋折旧费＋摊销费＋利息支出

经营成本＝总成本费用－折旧费－摊销费－利息支出

(2) 固定成本与可变成本估算。

1) 固定成本指成本总额不随产品产量变化的各项成本费用，主要包括工资或薪酬（计件工资除外）、折旧费、摊销费、修理费和其他费用等。

2) 可变成本指成本总额随产品产量变化而发生同方向变化的各项费用，主要包括原材料、燃料、动力消耗、包装费和计件工资等。

3) 长期借款利息应视为固定成本，流动资金借款和短期借款为简化计算，也可视为固定成本。

(3) 成本费用之间的关系。

总成本费用的构成（按生产要素估算）见图 1-2-1。

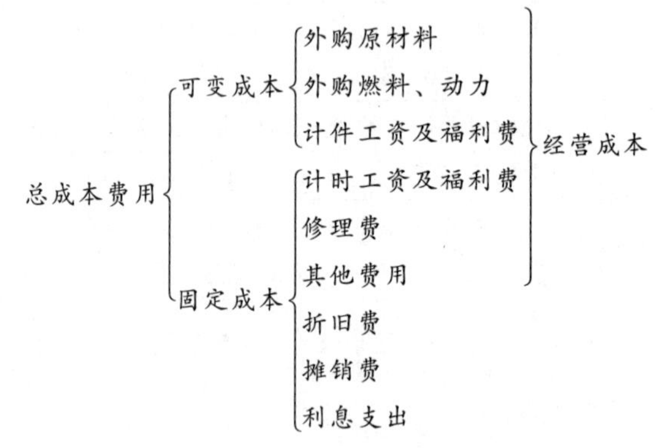

图 1-2-1 总成本费用的构成

➢ **考分统计：**依据近 4 年真题统计的情况，“项目建设投资现金流量表”考查 2 年，考查频次为 50%，属于中频考点，项目投资现金流量表中的内容在考查总体分值中所占比例相对较高，属于重点掌握内容。

扫码听课

知识点 4 资本金现金流量表

资本金现金流量表属于融资后分析，根据现金流入、现金流出从项目资本金的角度，计算项目的财务净现值、投资内部收益率和静态投资回收期，对项目的盈利能力、偿债能力和财务生存能力进行分析和判定。资本金现金流量表内容构成及计算要点，见表 1-2-2。

表 1-2-2 资本金现金流量表

资本金现金流量表结构组成		计算要点
序号	项目	
1	现金流入	对应各年份，(1.1) ＋ (1.2) ＋ (1.3) ＋ (1.4) ＋ (1.5)
1.1	营业收入（不含销项税额）	年营业收入＝设计生产能力×产品单价×年生产负荷 【注意】若题目中有生产负荷（%）的要求，注意乘相应的比例计算

续表

资本金现金流量表结构组成		计算要点
序号	项目	
1.2	销项税额	销项税额＝销售量×单价×税率，或题目已知
1.3	补贴收入	一般是政府补贴，题目已知
1.4	回收固定资产余值	固定资产余值＝年折旧费×（固定资产使用年限－运营期）＋残值 年折旧费＝（固定资产原值－残值）/折旧年限 固定资产残值＝固定资产原值×残值率 【注意】回收固定资产余值在运营期最后1年填写
1.5	回收流动资金	各年投入的流动资金在项目运营期最后1年全额回收
2	现金流出	对应各年份，(2.1)＋(2.2)＋(2.3)＋(2.4)＋(2.5)＋(2.6)＋(2.7)＋(2.8)＋(2.9)＋(2.10)
2.1	项目资本金	建设期和运营期各年投资中的自有资金部分，题目已知
2.2	借款本金偿还	借款本金＝长期借款本金＋流动资金借款本金＋临时借款本金
2.3	借款利息支付	利息＝长期借款利息＋流动资金借款利息＋临时借款利息
2.4	流动资金投资	发生在运营期，依据题目要求填写
2.5	经营成本（不含进项税额）	发生在运营期各年，题目已知 【注意】若题目中有生产负荷（%）的要求，注意乘以相应比例计算
2.6	进项税额	发生在运营期各年，一般题目已知
2.7	应纳增值税	增值税应纳税额＝当期销项税额－当期进项税额－可抵扣的固定资产进项税额 【注意】当期销项税额＜当期进项税额不足抵扣时，其不足部分可以结转下期继续抵扣
2.8	增值税附加	增值税附加＝增值税×增值税附加税率
2.9	维持运营投资	有些项目运营期内需投入的固定资产投资
2.10	所得税	所得税＝利润总额×所得税率 利润总额＝营业收入（不含销项税额）－经营成本（不含进项税额）－折旧费－摊销费－利息－维持运营投资（计入总成本的）－增值税附加＋补贴收入 利润总额＝营业收入－总成本－增值税附加＋补贴收入
3	所得税后净现金流量	各对应年份，(1)－(2)
4	累计税后净现金流量	各年净现金流量的累计值
5	基准收益率	一般题目已知折现系数 $(1+i)^{-t}$
6	折现后净现金流量	各对应年份(3)×(5)
7	累计折现净现金流量	各年折现净现金流量的累计值

还本付息额的计算见表1-2-3。

表 1-2-3 还本付息额的计算

项目	内容	
建设投资借款 （提示：还本付息初额应为建设期的借款本息和）	等额还本付息	$A=I_c\ (A/P,\ i,\ n)$
	等额还本、利息照付	每年偿还本金相同，当年产生利息当年支付
流动资金借款	流动资金借款全年计息，当年产生利息当年偿还；本金在计算期最后一年年末用回收的流动资金（借款部分）一次性偿还	年流动资金借款利息＝年初流动资金借款余额×流动资金借款年利率
短期借款	短期借款的偿还按照随借随还的原则处理，即当年借款尽可能于下年偿还	

➤ **考分统计**：依据近4年真题统计的情况，“资本金现金流量表”考查了3年，考核频次为75%，属于高频考点，且“资本金现金流量表”中的内容在考查的3年中总体分值最高，属于重点掌握内容。

扫码听课

知识点 5 利润与利润分配表

利润与利润分配表属于融资后静态分析，主要对项目进行盈利能力进行评价，计算的主要指标为资本金净利润率、总投资收益率，其中利润的相关内容会与项目投资现金流量表、项目资本金现金流量表相关项目结合考查。利润与利润分配表内容构成及计算要点，见表 1-2-4。

表 1-2-4 利润与利润分配表

利润与利润分配表结构组成		计算要点
序号	项目	
1	营业收入（含销项税）	年营业收入＝设计生产能力×产品单价×年生产负荷 【注意】若题目中有生产负荷（%）的要求，注意乘以相应比例计算
2	总成本费用（含进项税）	总成本费用＝经营成本＋折旧费＋摊销费＋利息支出 年摊销费＝无形资产（或其他资产）/摊销年限 利息支出＝长期借款利息＋流动资金借款利息＋临时借款利息
3	增值税	(3) ＝ (3.1) － (3.2)
3.1	销项税	销项税额＝销售量×单价×税率或题目已知
3.2	进项税	发生在运营期各年，一般题目已知
4	增值税附加	增值税附加＝增值税应纳税额×增值税附加税率
5	补贴收入	一般是政府补贴，题目已知
6	利润总额	对应年份，(1) － (2) － (3) － (4) ＋ (5)
7	弥补以前年度亏损	前一年度净利润的负值
8	应纳税所得额	应纳税所得额＝ (6) － (7)
9	所得税	所得税＝应纳税所得额×所得税率
10	净利润	净利润＝ (6) － (9)
11	期初未分配利润	上一年度末留存的利润
12	可供分配的利润	可供分配的利润＝ (10) ＋ (11)
13	提取法定盈余公积金	按净利润提取＝ (10) ×X%

续表

利润与利润分配表结构组成		计算要点
序号	项目	
14	可供投资者分配的利润	可供投资者分配的利润＝（12）－（13）
15	应付投资者各方股利	依据题干给出相应比例计算：（13）×X%
16	未分配利润（14－15）	未分配利润＝可供投资者分配利润－应付各投资方的股利 【注意】未分配利润按借款合同约定的方式还款时，计算未分配利润可能会出现以下两种情况： （1）未分配利润＋折旧费＋摊销费≤该年应还本金，则该年的未分配利润全部用于还款，不足部分为该年的资金亏损，需用临时借款来弥补偿还本金的不足部分 （2）未分配利润＋折旧＋摊销费＞该年应还本金，则该年为资金盈余年份，用于还款的未分配利润＝当年应还本金－折旧－摊销
16.1	用于还款未分配利润	当年用于还款未分配利润＝当年应还本金－折旧－摊销
16.2	剩余利润（转下年度期初未分配利润）	剩余利润（转下年期初未分配利润）＝（16）－（16.1）
17	息税前利润（EBIT）	息税前利润（EBIT）＝利润总额＋利息支出＝（6）＋当年利息支出
18	息税折旧摊销前利润（EBITDA）	息税折旧摊销前利润（EBITDA）＝息税前利润＋折旧＋摊销＝（17）＋折旧＋摊销

➤ **考分统计**：依据近4年真题统计的情况，“利润与利润分配表”考查了3年，考核频次为75%，属于高频考点，“利润与利润分配表”中相关项目的计算多与“投资现金流量表”、“资本金现金流量表”结合考查，因此需要着重掌握重要项目的内容。

知识点 6 财务评价指标

财务评价指标的内容见表1-2-5。

表1-2-5　财务评价指标的内容

财务分析内容		数据来源	财务分析指标	
			静态指标	动态指标
融资前分析	盈利能力分析	项目投资现金流量表	静态投资回收期	财务内部收益率 财务净现值 动态投资回收期
融资后分析	盈利能力分析	利润与利润分配表 项目资本金现金流量表 投资各方现金流量表	项目资本金净利润率 总投资收益率	资本金财务内部收益率 投资各方财务内部收益率
	偿债能力分析	借款还本付息计划表 资产负债表	利息备付率 偿债备付率 资产负债率	—
	财务生存能力分析	财务计划现金流量表	净现金流量 累计盈余资金	—

一、盈利能力指标

（一）总投资收益率（ROI）

总投资收益率表示项目总投资的盈利水平。其计算公式如下：

总投资收益率（ROI）＝［正常年份（或运营期内年平均）息税前利润/总投资］×100％

判别准则：投资收益率≥同行业收益率参考值，项目可行；反之，不可行。

（二）项目资本金净利润率（ROE）

资本金净利润率表示项目净资本的盈利水平。其计算公式如下：

资本金净利润率（ROE）＝［正常年份（或运营期内年平均）净利润/项目资本金］×100％

判别准则：项目资本金净利润率≥同行业资本金净利润率，项目可行；反之，不可行。

（三）静态投资回收期

静态投资回收期是在不考虑资金时间价值的条件下，以项目的净收益回收其全部投资所需要的时间。其计算公式如下：

静态投资回收期＝（累计净现金流量出现正值的年份－1）＋（出现正值年份上年累计净现金流量绝对值/出现正值年份当年净现金流量）

判别准则：静态投资回收期≤基准投资回收期，项目可行；反之，不可行。

（四）动态投资回收期

动态投资回收期是将投资方案各年的净现金流量按基准收益率折现后，再计算投资回收期，这是其与静态投资回收期的根本区别。其计算公式如下：

动态投资回收期＝（累计折现净现金流量出现正值的年份－1）＋（出现正值年份上年累计折现净现金流量绝对值/出现正值年份当年折现净现金流量）

判别准则：动态投资回收期≤项目寿命期，项目可行。反之，不可行。

（五）财务净现值

净现值（FNPV）是反映投资方案在计算期内获利能力的动态评价指标。投资方案的净现值是指用一个预定的基准收益率（或设定的折现率）i_c，分别将整个计算期内各年所发生的净现金流量都折现到投资方案开始实施时的现值之和。其计算公式如下：

$$FNPV=\sum_{t=1}^{n}(CI-CO)_t(1+i_c)^{-t}$$

式中，$FNPV$——财务净现值；CI——现金流入；CO——现金流出；$(CI-CO)_t$——技术方案第 t 年的净现金流量；i_c——基准收益率；n——技术方案计算期。

判别准则：项目财务净现值≥0，表明项目的盈利能力达到或超过了所要求的盈利水平，项目财务上可行。

（六）项目投资财务内部收益率

项目投资财务内部收益率是评价项目盈利能力的主要动态指标，反映了项目自身的盈利能力即项目资本金的获利能力。其计算公式如下：

$$FIRR=i_1+\frac{FNPV_1}{|FNPV_1|+|FNPV_2|}(i_2-i_1)$$

判别准则：当 $FIRR$≥基准收益率 i_c 时，即认为项目的盈利性能够满足要求，财务上可行；反之，不可行。

二、偿债能力指标

（一）利息备付率（ICR）

可用于支付利息的息税前利润（$EBIT$）与当期应付利息（PI）之比（偿还利息的能力）。利息备付率的计算公式如下：

$$ICR=\frac{EBIT}{PI}$$

（二）偿债备付率

偿债备付率用来衡量项目还本付息的能力。偿债备付率的具体计算公式如下：

$$\text{偿债备付率}=\frac{\text{可用于还本付息的资金}}{\text{当期应还本付息的金额}}$$

$$=\frac{\text{息税前利润加摊销（}EBITDA\text{）}-\text{企业所得税}}{\text{当期应还本付息的金额}}$$

$$=\frac{\text{折旧和摊销}+\text{可用于还款的未分配利润}+\text{总成本费用中列支的利息费用}}{\text{当期归还贷款本金（含建设期贷款利息）金额}+\text{总成本费用中列支的利息费用}}$$

➤ **注意**：判断项目还款年份的还款能力是否满足要求，有两种本质上相同的方法：一是计算具体年份的可用于还款的资金（折旧、摊销和可用于还款的未分配利润之和）与应偿还的资金（含建设期贷款利息）的差额，则该年度项目可满足还款要求，否则项目不能满足还款要求；二是计算运营期相应年度的偿债备付率，若偿债备付率大于等于1，则表明该年度项目可满足还款能力。

➤ **考分统计**：依据近4年真题统计的情况，“财务评价指标”近4年连续考查，属于高频考点。但具体考查内容每年均有调整，因此对于相关财务评价指标的计算必须掌握。

模块三：不确定性分析

知识点 7　盈亏平衡分析

通过盈亏平衡分析计算出投资项目的盈亏临界点，以判断不确定因素对方案经济效果的影响程度，盈亏平衡点的高低体现了方案实施的风险大小及投资承担风险的能力。

盈亏平衡分析的基本公式及其推导过程如下：

盈亏平衡状态时，“收入＝成本”，并假定“产量＝销量”，则有：

（不含税产品单价＋单位产品销项税额）×产量＝年固定成本＋（不含税单位产品可变成本＋单位产品进项税额）×产量＋单位产品增值税×（1＋增值税附加税率）×产量

（不含税产品单价＋单位产品销项税额）×产量＝年固定成本＋（不含税单位产品可变成本＋单位产品进项税额）×产量＋（单位产品销项税额－单位产品进项税额）×（1＋增值税附加税率）×产量

不含税产品单价×产量＝年固定成本＋不含税单位产品可变成本×产量＋单位产品增值税×增值税附加税率×产量

故，可得：

$$产量盈亏平衡点=\frac{年固定成本}{不含税产品单价-不含税单位产品可变成本-单位产品增值税\times增值税附加税率}$$

同理，产品单价盈亏平衡点、可变成本的盈亏平衡点等，可根据上述等式推导，此处就不再一一介绍。

➤ **注意**：一般题目中年固定成本（或年可变成本）单位为“万元”，产品单价、单位产品可变成本单位一般为“元”，在套用公式时，注意单位的统一。

➤ **考分统计**：依据近4年真题统计的情况，“盈亏平衡分析”仅2014年考查一次，属于低频考点，但“营改增”后盈亏平衡分析内容进行了调整，需要注意掌握。

知识点 8 敏感性分析

敏感性分析是预测项目主要不确定因素的变化对项目评价指标（如内部收益率、净现值等）的影响，从中找出敏感因素，确定评价指标对该因素的敏感程度和项目对其变化的承受能力的一种不确定性分析方法。敏感性分析有单因素敏感性分析和多因素敏感性分析。通常只要去进行单因素敏感性分析。

一、敏感度计算公式

$$敏感度=\frac{(A_1-A_0)\ /A_0}{(F_1-F_0)\ /F_0}=\frac{\Delta A/A}{\Delta F/F}$$

式中，A_0——初始条件下的财务评价指标值（$FNPV_0$、$FIRR_0$ 等）；A_1——不确定因素按一定幅度变化后的财务评价指标值（$FNPV_1$、$FIRR_1$ 等）；F_0——初始条件下的不确定因素数值；F_1——不确定因素按一定幅度变化后的数值。

二、单因素敏感性分析步骤

（1）确定分析指标（如 *FIRR*、*FNPV* 等）。

（2）选择需要分析的不确定性因素（如项目投资、销售收入、经营成本等）。

（3）分析每个不确定性因素的波动程度及其对分析指标可能带来的增减变化情况。

（4）计算单因素的敏感度。

（5）给出敏感性分析结论。

判别原则：一般应选择敏感程度小、承受风险能力强、可靠性大的项目或方案。

➤ **注意**：临界点可以判别不确定因素的允许变动范围，注意掌握敏感度曲线的识图及绘制。

➤ **考分统计**：依据近4年真题统计的情况，“敏感性分析”属于低频考点，理解敏感性分析理论内容，能够计算敏感度系数、分析敏感曲线图。

典型例题

1. **【2019真题】** 某企业投资新建一项目，生产一种市场需求较大的产品。项目的基础数据如下：

（1）项目建设投资估算为1600万元（含可抵扣进项税112万元），建设期1年，运营期8年。建设投资（不含可抵扣进项税）全部形成固定资产，固定资产使用年限8年，残值率4%，按直线法折旧。

（2）项目流动资金估算为200万元，运营期第1年年初投入，在项目的运营期末全部回收。

(3) 项目资金来源为自有资金和贷款，建设投资贷款利率为8%（按年计息），流动资金利率为5%（按年计息）。建设投资贷款的还款方式为运营期前4年等额还本、利息照付方式。

(4) 项目正常年份的设计产能为10万件，运营期第1年的产能为正常年份产能的70%。目前市场同类产品的不含税销售价格约为65～75元/件。

(5) 项目资金投入、收益及成本等基础测算数据见表1-D-1。

(6) 该项目产品适用的增值税税率为13%，增值税附加综合税率为10%，所得税税率为25%。

表1-D-1　项目资金投入、收益及成本表　　（单位：万元）

序号	项目＼年份	1	2	3	4	5	6～9
1	建设投资 其中：自有资金 贷款本金	1600 600 1000					
2	流动资金 其中：自有资金 贷款本金		200 100 100				
3	年产销量/万件		7	10	10	10	10
4	年经营成本 其中：可抵扣的进项税		210 14	300 20	300 20	300 20	330 25

【问题】

1. 列式计算项目的建设期贷款利息及年固定资产折旧额。

2. 若产品的不含税销售单价确定为65元/件，列式计算项目运营期第1年的增值税、税前利润、所得税、税后利润。

3. 若企业希望项目运营期第1年不借助其他资金来源能够满足建设投资贷款还款要求，产品的不含税销售单价至少应确定为多少？

4. 项目运营后期（建设期贷款偿还完成后）考虑到市场成熟后产品价格可能下降，产品单价拟在65元的基础上下调10%，列式计算运营后期正常年份的资本金净利润率。

（计算过程和结果数据中有小数的，保留两位小数）

【参考答案】

问题1：

建设期利息＝1000×1/2×8%＝40.00（万元）；

年固定资产折旧额＝$\frac{[(1600-112)+40](1-4\%)}{8}$＝183.36（万元）。

【点拨】本题考查知识点1：建设项目总投资构成——建设期利息的计算；知识点4：资本金现金流量表——年折旧费的计算。

问题2：

(1) 增值税：

运营期第1年销项税额＝7×65×13%＝59.15（万元）；

运营期第1年增值税额＝59.15－14－112＝－66.85（万元）＜0。

故运营期第1年增值税为0万元。

(2) 运营期第1年增值税附加为0万元。

(3) 税前利润：

运营期第 1 年税前利润（利润总额）＝销售收入（不含税）－总成本费用（不含税）－增值税附加；

销售收入＝65×7＝455.00（万元）；

总成本费用＝经营成本＋折旧费＋摊销费＋利息支出＝（210－14）＋183.36＋0＋［（1000＋40）×8%＋100×5%］＝467.56（万元）；

故，税前利润＝455.00－467.56－0＝－12.56（万元）。

(4) 所得税为 0 万元。

(5) 税后利润（净利润）为－12.56 万元。

【点拨】本题考查知识点 4：资本金现金流量表——增值税、增值税附加的计算；知识点 5：利润与利润分配表——税前利润、所得税、税后利润的计算。

问题 3：

运营期第 1 年还本：(1000＋40）/4＝260（万元）；

若不借助其他资金来源能够满足建设期贷款还款要求，则折旧费＋摊销费＋未分配利润（净利润）＝运营期应还本金。

设净利润为 X 万元，183.36＋0＋X＝260，计算净利润 X＝76.64（万元），

税前利润＝76.64/（1－25%）＝102.19（万元）。

根据利润总额公式列盈亏平衡计算一元一次方程，设不含税销售价格为 Y 元/件。

销售收入－总成本费用－增值税附加＝利润总额。

$7Y$－［（210－14）＋183.36＋（1040×8%＋100×5%）］＝102.19，

解得：Y＝81.39（元/件）。

故产品的不含税销售单价应为 81.39 元/件。

【点拨】本题考查知识点 5：利润与利润分配表——未分配利润；知识点 7：盈亏平衡分析——单价盈亏平衡点的计算。

问题 4：

销售收入（不含税）＝65×（1－10%）×10＝585.00（万元）；

总成本费用＝（330－25）＋183.36＋100×5%＝493.36（万元）；

运营期第 5 年时，建设投资中的可抵扣进项税（112 万元）已经全部抵扣完，故：

运营后期正常年份增值税附加＝（销项税－进项税）×增值税附加税率＝（585.00×13%－25）×10%＝5.11（万元）。

运营后期正常年份不需要弥补前年度亏损，故：

净利润＝利润总额×（1－25%）＝（585.00－493.36－5.11）×（1－25%）＝64.90（万元）；

$$资本金净利润率=\frac{运营期内年平均净利润}{项目资本金}\times100\%=\frac{64.90}{600+100}\times100\%=9.27\%。$$

【点拨】本题考查知识点 5：利润与利润分配表——利润总额、净利润；知识点 6：财务评价指标——资本金净利润率的计算。

2. **【2018 真题】**某企业拟新建一工业产品生产线，采用同等生产规模的标准化设计资料。项目可行性研究相关基础数据如下：

(1) 按现行价格计算的该项目生产线设备购置费为 720 万元，当地已建同类同等生产规模

生产线项目的建筑工程费用，生产线设备安装工程费用，其他辅助设备购置及安装费用占生产线设备购置费的比重分别为70%，20%，15%。根据市场调查，现行生产线设备购置费较已建项目有10%的下降，建筑工程费用、生产线设备安装工程费用较已建项目有20%的上涨，其他辅助设备购置及安装费用无变化，拟建项目的其他相关费用为500万元（含预备费）。

（2）项目建设期1年，运营期10年，建设投资（不含可抵扣进项税）全部形成固定资产。固定资产使用年限为10年，残值率为5%，直线法折旧。

（3）项目投产当年需要投入运营期流动资金200万元。

（4）项目运营期达产年不含税销售收入为1200万元，适用的增值税税率为16%，增值税附加按增值税10%计取，项目达产年份的经营成本为760万元（含进项税60万元）。

（5）运营期第1年达到产能的80%，销售收入，经营成本（含进项税）均按达产年份的80%计。第2年及以后年份为达产年份。

（6）企业适用的所得税税率为25%，行业平均投资收益率为8%。

【问题】

1. 列式计算拟建项目的建设投资。

2. 若该项目的建设投资为2200万元（包含可抵扣进项税200万元），建设投资在建设期均衡投入。

（1）列式计算运营期第1年、第2年的应纳增值税额。

（2）列式计算运营期第1年、第2年的调整所得税。

（3）进行项目投资现金流量表（第1～4年）的编制，并填入表1-D-2项目投资现金流量表中。

（4）假定计算期第4年（运营期第3年）为正常生产年份，计算项目的总投资收益率，并判断项目的可行性。

（以上计算结果保留两位小数）

表1-D-2　项目投资现金流量表

序号	项目	建设期	运营期		
		1	2	3	4
1	现金流入				
1.1	营业收入（含税）				
1.2	补贴收入				
1.3	回收固定资产余值				
1.4	回收流动资金				
2	现金流出				
2.1	建设投资				
2.2	流动资金投资				
2.3	经营成本（含税）				
2.4	应纳增值税				
2.5	增值税附加				
2.6	调整所得税				
3	所得税后净现金流量				
4	累计税后净现金流量				

【参考答案】

问题1：

已建项目生产线设备购置费＝720/（1－10％）＝800.00（万元）；

拟建项目建筑工程费用＝800×70％×（1＋20％）＝672.00（万元）；

拟建项目生产线设备安装工程费用＝800×20％×（1＋20％）＝192.00（万元）；

拟建项目其他辅助设备购置及安装费用＝800×15％＝120.00（万元）；

拟建项目的建设投资＝720＋672＋192＋120＋500＝2204.00（万元）。

【点拨】本题考查知识点1：建设项目总投资构成——建设投资的计算。

问题2：

（1）运营期第1年、第2年的应纳增值税额。

运营期第1年：

销项税：1200×16％×80％＝153.60（万元）；

进项税：60×80％＝48.00（万元）；

由于建设投资中含可以抵扣的进项税200万元，则增值税：

153.60－48.00－200.00＝－94.40（万元）。

故运营期第1年应纳增值税额为0。

运营期第2年：

销项税：1200×16％＝192.00（万元）；

进项税：60.00（万元）；

运营期第2年应纳增值税额：192.00－60.00－94.40＝37.60（万元）。

【点拨】本题考查知识点3：项目建设投资现金流量表——增值税的计算。

（2）运营期第1年、第2年的调整所得税。

运营期第1年：

销售收入（不含税）：1200×80％＝960.00（万元）；

经营成本（不含税）：（760－60）×80％＝560.00（万元）；

折旧费：［（2200－200）×（1－5％）］/10＝190.00（万元）；

摊销费、利息均为0。

由于运营期第1年的增值税为0，所以增值税附加也为0。

息税前利润＝销售收入－经营成本－折旧费＝960－560－190＝210.00（万元）；

调整所得税＝息税前利润×所得税＝210×25％＝52.50（万元）。

运营期第2年：

销售收入（不含税）：1200万元；

经营成本（不含税）：760－60＝700万元；

折旧费：190万元；

摊销费、利息均为0。

由于运营期第2年的增值税为37.6万元，所以增值税附加＝37.6×10％＝3.76（万元）。

息税前利润＝销售收入－经营成本－折旧费－增值税附加＝1200－700－190－3.76＝306.24（万元）；

调整所得税＝息税前利润×所得税＝306.24×25％＝76.56（万元）。

【点拨】本题考查知识点3：项目建设投资现金流量表——调整所得税的计算。

（3）项目投资现金流量表（第1～4年）的编制见表1-D-3。

表1-D-3　项目投资现金流量表　（单位：万元）

序号	项目	建设期	运营期		
		1	2	3	4
1	现金流入		1113.60	1392.00	1392.00
1.1	营业收入（含税）		1113.60	1392.00	1392.00
1.2	补贴收入		0	0	0
1.3	回收固定资产余值		0	0	0
1.4	回收流动资金		0	0	0
2	现金流出	2200.00	860.50	877.92	979.40
2.1	建设投资	2200.00			
2.2	流动资金投资		200.00		
2.3	经营成本（含税）		608.00	760.00	760.00
2.4	应纳增值税		0	37.60	132.00
2.5	增值税附加		0	3.76	13.20
2.6	调整所得税		52.5	76.56	74.20
3	所得税后净现金流量	－2200	253.10	514.08	412.60
4	累计税后净现金流量	－2200	－1946.90	－1432.82	1020.22

（4）运营期第3年应纳增值税＝1200×16％－60＝132.00（万元）；

运营期第3年调整所得税＝［1200－（760－60）－（1200×16％－60）×10％－190］×25％＝74.20（万元）；

运营期第3年息税前利润＝1200－（760－60）－13.20－190＝296.80（万元）；

项目总投资收益率＝息税前利润（*EBIT*）/总投资（*TI*）×100％＝296.8/（2200＋200）＝12.37％＞8％。

项目总投资收益率大于行业平均投资收益率，因此该项目可行。

【点拨】本题考查知识点3：项目建设投资现金流量表——总投资收益率的计算及判别。

3.**【2015真题】**某新建建设项目的基础数据如下：

（1）项目建设期2年，运营期10年，建设投资3600万元，预计全部形成固定资产。

（2）项目建设投资来源为自有资金和贷款，贷款总额为2000万元，贷款年利率6％（按年计息），贷款合同约定运营期第1年按照项目的最大偿还能力还款，运营期第2～5年将未偿还款项按等额本息偿还，自有资金和贷款在建设期内均衡投入。

（3）项目固定资产使用年限10年，残值率5％，直线法折扣。

（4）流动资金250万元由项目自有资金在运营期第1年投入（流动资金不用于项目建设期贷款的偿还）。

（5）运营期间正常年份的营业收入为900万元，经营成本为280万元，产品营业税金及附加税率为6％，所得税税率为25％。

（6）运营期第1年达到设计产能的80％，该年的营业收入，经营成本均为正常年份的80％，以后各年均达到设计产能。

（7）在建设期贷款偿还完成之前，不计提盈余公积金，不分配投资者股利。

【问题】

1. 列式计算项目建设期的贷款利息。

2. 列式计算项目运营期第1年偿还的贷款本金和利息。

3. 列式计算项目运营期第2年应偿还的贷款本息额，并通过计算说明项目能否满足还款要求?

4. 项目资本金现金流量表运营期第1年的净现金流量是多少?

(以上计算结果保留两位小数)

【参考答案】

问题1:

贷款在建设期均衡投入，则建设期每年投入贷款2000/2=1000.00(万元)。

建设期第一年利息=1000×0.6%/2=30.00(万元)。

建设期第二年利息=(1000+30+1000/2)×0.6%=91.80(万元)。

建设期贷款利息=30+91.80=121.80(万元)。

【点拨】本题考查知识点1:建设项目总投资构成——建设期利息。

问题2:

固定资产原值=建设期投资+建设期利息=3600+121.8=3721.80(万元)。

年折旧额=固定资产原值×(1-残值率)/可使用年限=3721.8×(1-5%)/10=353.57(万元)。

运营期第1年利息=(2000+121.80)×6%=127.31(万元)。

运营期第1年总成本费用=经营成本+利息+折旧=280×80%+127.31+353.57=704.88(万元)。

运营期第1年利润总额=营业收入-营业税金及附加-总成本=900×80%×(1-6%)-704.88=-28.08(万元)<0。

所得税=0。

$EBITDA-T_{AX}$=900×80%×(1-6%)-280×80%-0=452.80(万元)。

运营期第1年偿还贷款本金利息总额为452.80万元，其中利息127.31万元，本金=452.80-127.31=325.49(万元)。

【点拨】本题考查知识点1:建设项目总投资构成——固定资产、折旧费的计算。

本题考查知识点4:资本金现金流量表——总成本费用的计算。

本题考查知识点5:利润与利润分配表——利润总额、息税前利润的计算。

问题3:

运营期第2年年初贷款余额=2121.80-325.49=1796.31(万元)。

第2~5年等额本息偿还，已知P求A。

$A=P\cdot(A/P,6\%,4)=P\cdot i\cdot(1+i)^n/[(1+i)^n-1]=1796.31\times6\%\times(1+6\%)^4/[(1+6\%)^4-1]=518.40$(万元)。(本息和)

运营期第2年偿还的贷款利息=1796.31×6%=107.78(万元)。

运营期第2年总成本费用=经营成本+利息+折旧=280+107.78+353.57=741.35(万元)。

运营期第2年利润总额=营业收入-营业税金及附加-总成本费用=900×(1-6%)-741.35=104.65(万元)。

所得税=(104.65-28.08)×25%=19.14(万元)。

$EBITDA-T_{AX}$=营业收入－营业税金及附加－经营成本－所得税=900×（1－6%）－280－19.14=546.86（万元）＞518.40（万元），所以能满足还款要求。

【点拨】本题考查知识点4：资本金现金流量表——总成本费用的计算

本题考查知识点5：利润与利润分配表——利润总额、息税前利润的计算

问题4：

现金流入（营业收入）=900×80%=720（万元）。

现金流出=经营成本+营业税金及附加+所得税+本利和+流动资金=280×80%+900×80%×6%+0+452.80+250=224+43.2+452.80+250=970（万元）。

净现金流=720－970=－250（万元）。

第1年除流动资金外所有的净收入都用于还本付息，所以净现金流就是投入的流动资金额。

【点拨】本题考查知识点4：资本金现金流量表——净现金流量的计算。

本章同步训练

试题一

某城市拟建设一条免费通行的道路工程，与项目相关的信息如下：

（1）根据项目的设计方案及投资估算，该项目建设投资为100000万元，建设期2年，建设投资全部形成固定资产。

（2）该项目拟采用PPP模式投资建设，政府与社会资本出资人合作成立了项目公司。项目资本金为项目建设投资的30%，其中，社会资本出资人出资90%，占项目公司股权90%；政府出资10%，占项目公司股权10%。政府不承担项目公司亏损，不参与项目公司利润分配。

（3）除项目资本金外的项目建设投资由项目公司贷款，贷款年利率为6%（按年计息），贷款合同约定的还款方式为项目投入使用后10年内等额还本付息，项目资本金和贷款均在建设期内均衡投入。

（4）该项目投入使用（通车）后，前10年年均支出费用2500万元，后10年年均支出费用4000万元。用于项目公司经营，项目维护和修理。道路两侧的广告收益权归项目公司所有，预计广告业务收入每年为800万元。

（5）固定资产采用直线法折旧；项目公司试用的企业所得税税率为25%；为简化计算不考虑销售环节相关税费。

（6）PPP项目合同约定，项目投入使用（通车）后连续20年内，在达到项目运营绩效的前提下，政府每年给项目公司等额支付一定的金额作为项目公司的投资回报，项目通车20年后，项目公司需将该道路无偿移交给政府。

【问题】

1. 列式计算项目建设期贷款利息和固定资产投资额。

2. 列式计算项目投入使用第1年项目公司应偿还银行的本金和利息。

3. 列式计算项目投入使用第1年的总成本费用。

4. 项目投入使用第1年，政府给予项目公司的款项至少达到多少万元时，项目公司才能除广告收益外不依赖其他资金来源，仍满足项目运营和还款要求？

5. 若社会资本出资人对社会资本的资本金净利润率的最低要求为：以通车后第1年的数据计算不低于5%，且以贷款偿还完成后的正常年份的数据计算不低于12%，则社会资本出资人能接受的政府各年应支付给项目公司的资金额最少应为多少万元？

（计算结果保留两位小数）

试题二

2019年初，某业主拟建一年产15万吨产品的工业项目。已知2016年已建成投产的年产12万吨产品的类似项目。投资额为500万元。自2016年至2019年每年平均造价指数递增3%。

拟建项目有关数据资料如下：

(1) 项目建设期为1年，运营期为6年，项目全部建设投资为700万元，预计全部形成固定资产。残值率为4%，固定资产余值在项目运营期末收回。

(2) 运营期第1年投入流动资金150万元，全部为自有资金，流动资金在计算期末全部收回。

(3) 在运营期间，正常年份每年的营业收入为1000万元，增值税率为12%，总成本费用为500万元，经营成本为350万元（含进项税额30万元），所得税率为25%，行业基准投资回收期为6年，增值税附加税率为10%。

(4) 投产第1年生产能力达到设计能力的60%，营业收入与经营成本也为正常年份的60%，总成本费用为400万元，投产第2年及第2年后各年均达到设计生产能力。

(5) 为简化起见，将“调整所得税”列为“现金流出”的内容。

【问题】

1. 试用生产能力指数法列式计算拟建项目的静态投资额。

2. 编制融资前该项目的投资现金流量表，将数据填入表1-T-1中，并计算项目投资财务净现值（所得税后）。

3. 假设折现净现金流量折现系数 $i=10\%$，列式计算该项目的静态投资回收期（所得税后），并评价该项目是否可行。

（计算结果及表中数据均保留两位小数）

表1-T-1　项目投资现金流量表　　（单位：万元人民币）

序号	项目名称	第1年	第2年	第3年	第4年	第5年	第6年	第7年
1	现金流入							
1.1	营业收入							
1.2	补贴收入							
1.3	回收固定资产余值							
1.4	回收流动资金							
2	现金流出							
2.1	建设投资							
2.2	流动资金							
2.3	经营成本							
2.4	增值税金及附加							
2.5	维持运营投资							
2.6	调整所得税							
3	所得税后净现金流量 (1) — (2)							
4	累计所得税后净现金流量							
	所得税后折现现金流量							
	累计所得税后折现现金流量							

试题三

某地区2004年初拟建一工业项目，有关资料如下：

经估算国产设备购置费为2000万元。进口设备FOB价为2500万元，到岸价（货价、海运费、运输保险费）为3020万元，进口设备国内运杂费为100万元。

本地区已建类似工程项目中建筑工程费用（土建、装饰）为设备投资的23%，2001年已建类似工程建筑工程造价资料及2004年初价格信息，见表1-T-2，建筑工程综合费率为24.74%。设备安装费用为设备投资的9%，其他费用为设备投资的8%，由于时间因素引起变化的综合调整系数分别为0.98和1.16。

基本预备费率按8%考虑。（注：其他材料是指除钢材、木材、水泥以外的各项材料费之和）

表1-T-2　2001年已建类似工程建筑工程造价资料及2004年初价格信息表

名称	单位	数量	2001年预算单价/元	2004年初预算单价/元
人工	工日	24000	28	32
钢材	t	440	2410	4100
木材	m^3	120	1251	1250
水泥	t	850	352	383
名称		单位	合价	调整系数
其他材料费		万元	198.50	1.10
机械台班费		万元	66.00	1.06

【问题】

1. 按照表1-T-3的给定数据和要求，计算进口设备购置费用。

表1-T-3　进口设备购置费用

序号	项目	费率/%	计算式	金额/万元
1	到岸价格			
2	银行财务费	0.5		
3	外贸手续费	1.5		
4	关税	10		
5	增值税	17		
6	设备国内运杂费			
进口设备购置费				

2. 计算拟建项目设备投资费用。

3. 试计算：

(1) 已建类似工程建筑工程费用。

(2) 已建类似工程建筑工程中的人工费、材料费、机械台班费分别占建筑工程费用的百分比。

(3) 2004年拟建项目的建筑工程综合调整系数。

4. 估算拟建项目工程建设静态投资。

(以上计算结果均保留两位小数)

»» 参考答案 ««

试题一：

问题 1：

项目建设期贷款总额＝100000×70%＝70000（万元）；

第 1 年建设期贷款利息＝70000×50%×1/2×6%＝1050（万元）；

第 2 年建设期贷款利息＝（70000×50%＋1050＋70000×50%×1/2）×6%＝3213（万元）；

建设期贷款利息＝1050＋3213＝4263.00（万元）；

固定资产投资额＝100000＋4263＝104263.00（万元）。

问题 2：

项目投入使用第 1 年项目公司应偿还银行的本利和＝（70000＋4263）（A/P，6%，10）＝10089.96（万元）；

项目投入使用第 1 年项目公司应偿还银行的利息＝（70000＋4263）×6%＝4455.78（万元）；

项目投入使用第 1 年项目公司应偿还银行的本金＝10089.96－4455.78＝5634.18（万元）。

问题 3：

固定资产折旧费＝（100000＋4263）/20＝5213.15（万元）；

总成本费用＝经营成本＋折旧＋摊销＋利息＋维持运营＝2500＋5213.15＋4455.78＝12168.93（万元）。

问题 4：

设政府给予的补贴应至少为 X 万元。

净利润＝（800＋X－12168.93）×（1－25%），

净利润＋折旧＋摊销≥该年应偿还的本金，

（800＋X－12168.93）×（1－25%）＋5213.15≥5634.18，

计算得 X≥11930.30（万元）。

项目投入使用第 1 年，政府给予项目公司的款项至少达到 11930.30 万元时，项目公司才能除广告收益外不依赖其他资金来源，仍满足项目运营和还款要求。

问题 5：

设政府支付给项目公司款项为 Y 万元，

以通车第 1 年数据计算资本净利润率，则：

［（Y＋800－12168.93）×（1－25%）］/（100000×0.3×0.9）＝5%，

解得 Y＝13168.93（万元）。

以贷款完成后正常年份数据计算资本金净利润率，则：

［（Y＋800－4000－5213.15）×（1－25%）］/（100000×0.3×0.9）＝12%，

解得 Y＝12733.15（万元）。

因 13168.93＞12733.15，故社会资本投资人能接受的政府支付给项目公司最少资金额为 13168.93 万元。

试题二：

问题 1：

生产能力指数法，当 $Q_2:Q_1$ 在 0.5～2.0 之间，指数 x 取值近似取 1。

即，$C_2=C_1\left(\frac{Q_2}{Q_1}\right)^x\cdot f$＝500×（15/12）×$1.03^3$＝682.95（万元）。

问题 2：

假设：运营期＝固定资产使用年限＝6 年；

固定资产余值＝残值＝700×4%＝28（万元）；

折旧费＝700×（1－4%）/6＝112（万元）；

计算第 2 年息税前利润＝600－50.92－210－112＝227.08（万元）；

调整所得税：227.08×25%＝56.77（万元）；

计算第 3 年息税前利润＝1000－84.85－350－112＝453.15（万元）；

调整所得税＝453.15×25%＝113.29（万元）。

项目投资现金流量表的相关数据见表 1-T-4。

1-T-4　项目投资现金流量表　　（单位：万元人民币）

序号	项目名称	第 1 年	第 2 年	第 3 年	第 4 年	第 5 年	第 6 年	第 7 年
1	现金流入		600.00	1000.00	1000.00	1000.00	1000.00	1178.00
1.1	营业收入		600.00	1000.00	1000.00	1000.00	1000.00	1000.00
1.2	补贴收入							
1.3	回收固定资产余值							28.00
1.4	回收流动资金							150.00
2	现金流出	700.00	467.69	497.77	497.77	497.77	497.77	497.77
2.1	建设投资	700.00						
2.2	流动资金		150.00					
2.3	经营成本		210.00	350.00	350.00	350.00	350.00	350.00
2.4	增值税金及附加		50.92	84.85	84.85	84.85	84.85	84.85
2.5	维持运营投资							
2.6	调整所得税		56.77	113.29	113.29	113.29	113.29	113.29
3	所得税后净现金流量（1－2）	－700.00	132.31	451.86	451.86	451.86	451.86	629.86
4	累计所得税后净现金流量	－700.00	－567.69	－115.83	336.03	787.89	1239.75	1869.61
	所得税后折现现金流量	－636.30	109.35	339.49	308.63	280.57	255.06	323.22
	累计所得税后折现现金流量	－636.30	－527.01	－187.52	121.11	401.68	656.74	979.96

净现值为 979.96 万元。

问题 3：

（1）计算指标：项目投资回收期（年）（所得税后）＝3＋115.83/451.86＝3.26（年）。

（2）投资回收期 3.26 年小于行业基准投资回收期 6 年，净现值 979.96 万元大于 0，该项目可行。

试题三：

问题 1：

进口设备购置费用的计算见表 1-T-5。

表 1-T-5 进口设备购置费用的计算

序号	项目	费率/%	计算式	金额/万元
1	到岸价格			3020.00
2	银行财务费	0.5	2500×0.5%	12.50
3	外贸手续费	1.5	3020×1.5%	45.30
4	关税	10	3020×10%	302.00
5	增值税	17	(3020+302) ×17%	564.74
6	设备国内运杂费			100.00
进口设备购置费			(1) + (2) + (3) + (4) + (5) + (6)	4044.54

问题 2:

拟建项目设备投资费用=4044.54+2000.00=6044.54(万元)。

问题 3:

(1) 建筑工程费:

1) 人工费:24000×28/10000=67.20(万元)。

材料费:(440×2410+120×1251+850×352+1985000) /10000=349.47(万元)。

则已建类似工程建筑工程人、材、机合计:67.20+349.47+66.00(机械台班费)=482.67(万元)。

2) 已建类似工程建筑工程费用:482.67×(1+24.74%)=602.08(万元)。

(2) 人工费占建筑工程费用的比例:(67.20/602.08) ×100%=11.16%。

材料费占建筑工程费用的比例:(349.47/602.08) ×100%=58.04%。

机械台班费占建筑工程费用的比例:(66.00/602.08) ×100%=10.96%。

(3) 2004 年拟建项目的建筑工程综合调整系数:

人工费差异系数:32/28=1.14。

拟建工程建筑工程材料费:

(440×4100+120×1250+850×383+1985000×1.1) /10000=446.31(万元)。

材料费差异系数:446.31/349.47=1.28。

机械费差异系数:1.06。

建筑工程综合调整系数:

(0.11×1.14+0.58×1.28+0.11×1.06) ×(1+24.74%)=1.23。

或者,2004 年拟建项目的建筑工程综合调整系数:

人工费:0.0032×24000=76.80(万元)。

材料费:0.41×440+0.125×120+0.0383×850+198.5×1.1=446.31(万元)。

机械费:66.00×1.06=69.96(万元)。

直接工程费:76.8+446.31+69.96=593.07(万元)。

建筑工程综合调整系数:593.07/482.67=1.23。

问题 4:

拟建项目工程建设静态投资估算:

建筑工程费:6044.54×23%×1.23=1710.00(万元)。

安装工程费:6044.54×9%×0.98=533.13(万元)。

工程建设其他费用:6044.54×8%×1.16=560.93(万元)。

基本预备费：（6044.54＋1710.00＋533.13＋560.93）×8％＝707.89（万元）。

静态投资：6044.54＋1710.00＋533.13＋560.93＋707.89＝9556.49（万元）。

或者，6044.54×（1＋23％×1.23＋9％×0.98＋8％×1.16）×（1＋8％）＝9556.49（万元）。

第二章　工程设计、施工方案技术经济分析

工程设计、施工方案技术经济分析是基于经济分析进行多方案的比选，本章主要涉及理论内容为价值工程的应用、资金时间价值的应用、网络图的优化、决策树的分析，依据相应理论内容优选最佳方案。

2019年并未针对此章出题，仅涉及决策树的考点，会与招投标题目结合，预计此章内容后期结合其他章作为考题中的一小问进行考查。

知识脉络

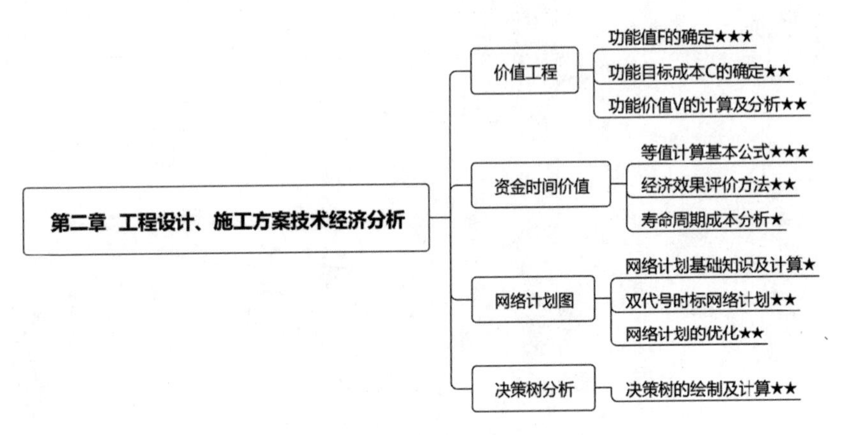

考情分析

近四年真题分值分布统计表　　（单位：分）

模块	知识点	近四年考查情况		分值
		年份	考查知识点	
模块一：价值工程	知识点1：功能值 F 的确定	2019	—	0
		2018	价值工程基本原理及提高途径；功能得分、功能指数的计算	11
		2017	价值工程的含义及重点阶段；功能得分、功能指数的计算	7
		2016	—	0
	知识点2：功能目标成本 C 的确定	2019	—	0
		2018	成本指数、目标成的计算	5
		2017	成本指数的计算	2.5
		2016	—	0
	知识点3：功能价值 V 的计算及分析	2019	—	0
		2018	成本降低额的计算，功能改进分析	4
		2017	价值指数的计算	4.5
		2016	—	0

续表

模块	知识点	近四年考查情况		分值
		年份	考查知识点	
模块二：资金时间价值	知识点4：等值计算基本公式	2019	—	0
		2018	—	0
		2017	已知 F 求 P；已知 P 求 A	4
		2016	—	0
	知识点5：经济效果评价方法	2019	—	0
		2018	—	0
		2017	年费用最小	2
		2016	—	0
	知识点6：寿命周期成本分析	2019	—	0
		2018	—	0
		2017	—	0
		2016	产值利润率的计算	4
模块三：网络计划图	知识点7：网络计划基础知识及计算	2019	—	0
		2018	—	0
		2017	—	0
		2016	—	0
	知识点8：双代号时标网络计划	2019	—	0
		2018	—	0
		2017	—	0
		2016	—	0
	知识点9：网络计划的优化	2019	—	0
		2018	—	0
		2017	—	0
		2016	压缩工期的选择	5
模块四：决策树分析	知识点10：决策树的绘制及计算	2019	综合招标项目	4
		2018	—	0
		2017	—	0
		2016	决策树的绘制；期望值的计算	11

模块一：价值工程

价值工程（Value Engineering，VE）是以提高产品或作业价值为目的，通过有组织的创造性工作，寻求用最低的寿命周期成本，可靠地实现使用者所需功能的一种管理技术。价值工程中所述的“价值”是指作为某种产品（或作业）所具有的功能与获得该功能的全部费用的比值。它不是对象的使用价值，也不是对象的经济价值和交换价值，而是对象的比较价值，是作为评价事物有效程度的一种尺度提出来的。这种对比关系可用下面这个数学式表示。

$$V=F/C$$

式中，V——研究对象的价值；F——研究对象的功能；C——研究对象的成本，即周期寿命成本。

价值工程方法基本步骤：对象选择→功能系统分析→功能评价→方案创造与评价→方案实施与评价。

知识点 1 功能值 F 的确定

一、环比评分法

功能重要性系数计算表见表 2-1-1。

表 2-1-1 功能重要性系数计算表

功能区	功能重要性评价		
	暂定重要性系数	修正重要性系数	功能重要性系数
(1)	(2)	(3)	(4)
F_1	1.5	9.0	0.47
F_2	2.0	6.0	0.32
F_3	3.0	3.0	0.16
F_4		1.0	0.05
合计		19.0	1.00

（1）确定需要评价的功能 F_1、F_2、F_3、F_4。

（2）对上下相邻两项功能的重要性进行对比打分，所打分数作为暂定重要性系数。（例如：如果 F_1 的重要性是 F_2 的 1.5 倍，就将 1.5 记入第（2）栏 F_1 行内）

（3）对暂定重要性系数进行修正。首先将最下面一项功能 F_4 的重要性系数定为 1.0，称为修正重要性系数，由于 F_3 的暂定重要性是 F_4 的 3 倍，故应得 F_3 的修正重要性系数定为 3.0（3.0×1.0），而 F_2 为 F_3 的 2 倍，故 F_2 定为 6.0（3.0×2.0）。

（4）将各功能的修正重要性系数除以全部功能总分 19.0，即得各功能区的重要性系数。

二、强制评分法

（一）0—1 评分法

按照功能重要程度一一对比打分，重要的打 1 分，相对不重要的打 0 分，要分析的对象（零部件）自己与自己相比不得分，用“×”表示。

为避免不重要的功能得零分，可将各功能累计得分加 1 分进行修正，用修正后的得分分别去除各功能累计所得总分即得到功能重要性系数，其计算见表 2-1-2。

表 2-1-2　功能重要性系数计算表

零部件	A	B	C	D	E	功能总分	修正得分	功能重要性系数
A	×	1	1	0	1	3	4	0.267
B	0	×	1	0	1	2	3	0.200
C	0	0	×	0	1	1	2	0.133
D	1	1	1	×	1	4	5	0.333
E	0	0	0	0	×	0	1	0.067
合计						10	15	1.00

（二）0—4 评分法

F_1 比 F_2 重要得多：F_1 得 4 分，F_2 得 0 分。

F_1 比 F_2 重要：F_1 得 3 分，F_2 得 1 分。

F_1 与 F_2 同等重要：F_1 得 2 分，F_2 得 2 分。

F_1 不如 F_2 重要：F_1 得 1 分，F_2 得 3 分。

F_1 远不如 F_2 重要：F_1 得 0 分，F_2 得 4 分。

➤ **注意**：必须能够依据功能之间的重要性逻辑，分析每项功能的得分，分析过程见表 2-1-3。

表 2-1-3　重要性逻辑分析

功能区	F_1	F_2	F_3	F_4	F_5	得分	重要性系数
F_1	×	3	1	3	3	10	0.250
F_2	1	×	0	2	2	5	0.125
F_3	3	4	×	4	4	15	0.375
F_4	1	2	0	×	2	5	0.125
F_5	1	2	0	2	×	5	0.125
合计						40	1.000

第 i 个评价对象功能指数 F_i = 第 i 个评价对象的功能得分值 F_i/全部功能得分值。

➤ **考分统计**：依据近 4 年真题统计的情况，“功能值 F 的确定”在 2018、2017 年进行 2 次考查，考核频次为 50%，是考试中的重要考点。“功能值 F 的确定”是进行价值工程分析时的基础知识点内容，是考生必须掌握内容。

知识点 2　功能目标成本 C 的确定

一、新产品设计

如，将新产品设定的目标成本（如为 800 元）按已有的功能重要性系数加以分配计算，求得各个功能区的功能评价值，并将此功能评价值作为功能的目标成本，其计算见表 2-1-4。

表 2-1-4　新产品功能评价计算表

功能区（1）	功能重要性系数（2）	功能评价值（F）[（3）=（2）×800]
F_1	0.47	376
F_2	0.32	256
F_3	0.16	128

续表

功能区 (1)	功能重要性系数 (2)	功能评价值 (F) [(3) = (2) ×800]
F_4	0.05	40
合计	1.00	800

二、既有产品改进

如，既有产品的现实成本为 500 元，即可计算出功能评价值或目标成本，其计算见表2-1-5。

表 2-1-5 既有产品功能评价值计算表

功能区	功能现实成本 C/元	功能重要性系数	根据产品现实成本和功能重要性系数重新分配的功能区成本	功能评价值 F（或目标成本）	成本降低幅度 $\Delta C=(C-F)$
	(1)	(2)	(3) = (2) ×500 元	(4)	(5)
F_1	130	0.47	235	130	—
F_2	200	0.32	160	160	40
F_3	80	0.16	80	80	—
F_4	90	0.05	25	25	65
合计	500	1.00	500	395	105

注：(4) = (1)、(3) 较小者。

表中此分配结果可能有三种情况：

(1) 功能区新分配的成本等于现实成本。如 F_3，此时应以现实成本作为功能评价值 F。

(2) 新分配成本小于现实成本。如 F_2 和 F_4，此时应以新分配的成本作为功能评价值 F。

(3) 新分配的成本大于现实成本，如 F_1，如果不是因为功能重要性系数定的过高或成本投入确实太少，则可用目前成本作为功能评价值 F。

➤ **考分统计：**依据近 4 年真题统计的情况，“功能目标成本 C 的确定”在 2018、2017 年进行了 2 次考查，考核频次为 50%，是考试中的重要考点。“功能目标成本 C 的确定”中成本指数的计算、目标成本的计算是进行价值工程分析时的基础知识点内容，考生必须掌握。

知识点 3 功能价值 V 的计算及分析

一、功能成本法

功能成本法的计算公式如下：

$$第\ i\ 个评价对象的价值系数\ V=\frac{第\ i\ 个评价对象的功能评价值\ F\ (目标成本)}{第\ i\ 个评价对象的现实成本\ C}$$

$V=1$，即功能评价值等于功能现实成本，说明评价对象的价值为最佳，一般无需改进。

$V<1$，即功能现实成本大于功能评价值，说明存在过剩功能或实现功能的成本大于功能的实际需要，需要改进，以剔除过剩功能及降低现实成本为改进方向。

$V>1$，即功能现实成本低于功能评价值，说明功能比较重要，成本分配较少。可能功能与成本的分配较理想，也可能有不必要的功能或应该提高成本，其计算见表 2-1-6。

表 2-1-6 功能评价值与价值系数计算表

项目 序号	子项目	功能重要性系数①	功能评价值 F (目标成本) ②=总目标成本×①	现实成本③	价值系数 ④=②/③	改善幅度 ⑤=③-②
1	A					
2	B					
3	C					
…	…					
合计						

二、功能指数法

功能指数法的计算公式如下：

$$\text{第 } i \text{ 个评价对象的价值系数 } V_{\mathrm{I}}=\frac{\text{第 } i \text{ 个评价对象的功能评价值 } F_{\mathrm{I}}}{\text{第 } i \text{ 个评价对象的成本指数 } C_{\mathrm{I}}}$$

价值指数计算见表 2-1-7。

表 2-1-7 价值指数计算表

零部件名称	功能指数①	现实成本/元②	成本指数③	价值指数④=①/③
A				
B				
C				
…				
合计	1.00		1.00	

$V_{\mathrm{I}}=1$，此时评价对象的功能比重与成本比重大致平衡，合同匹配，比较理想。

$V_{\mathrm{I}}<1$，此时评价对象的成本比重大于其功能比重，应改进，主要是降低成本。

$V_{\mathrm{I}}>1$，此时评价对象的成本比重小于其功能比重，应增加成本或降低功能，或由于客观上真是存在功能很重要而消耗的成本很少的情况，则不需要改进。

三、确定 VE 对象的改进范围

(1) F/C 值低的功能区域。

计算出来的 $V<1$ 的功能区域，基本上都应进行改进，特别是 V 值比 1 小得较多的功能区域，应力求使 $V=1$。

(2) $C-F$ 值大的功能区域。

成本改善期望值（成本降低幅度）$\Delta C=C-F$。

当 n 个功能区域的价值系数同样低时，当 ΔC 大于零时，ΔC 大者为优先改进对象。

四、解题一般步骤

(1) 功能现实成本 C 的计算（进而可求出成本指数 C_{I}），其计算公式如下：

$$\text{各方案的成本指数}=\text{该方案的成本或造价}/\sum\text{各方案成本或造价}$$

(2) 功能重要性系数计算（进而可求出功能指数 F_{I}），其计算公式如下：

$$\text{某项功能重要系数}=\sum(\text{该功能各评价指标得分}\times\text{该评价指标权重})/\text{评价指标得分之和}$$

常用的功能重要系数计算方法：环比评分法、强制评分法（0—1 评分法，0—4 评分法）。

各方案的功能指数如下：

各方案的功能指数＝该方案的功能加权得分/Σ 各方案加权得分

（3）功能评价值计算 F（目标成本），其计算公式如下：

F＝该功能项目的功能指数×总目标成本

（4）功能价值 V 的计算及分析（价值系数 V、价值指数 V_I）其计算公式如下：

各方案的价值系数＝该方案的功能评价值 F/该方案的现实成本 C

各方案的价值指数＝该方案的功能指数/该方案的成本指数

五、改进选优分析判断

（1）方案选优：一般取 V 越大越好。

（2）功能评价：一般是希望 V 趋近于 1。

（3）功能改进，ΔC＝目前成本－目标成本。数值大的优先考虑。

➤ **考分统计**：依据近 4 年真题统计的情况，“功能价值 V 的计算及分析”在 2018、2017 年进行了考查，共 2 次，是考试中的重要考点。“功能价值 V 的计算及分析”中价值系数的分析是进行方案选优、功能改进的理论依据，为考生必须掌握内容。

模块二：资金时间价值

知识点 4 等值计算基本公式

扫码听课

六个常用资金等值换算公式见表 2-2-1。

表 2-2-1 六个常用资金等值换算公式

公式名称		已知	求解	公式	系数名称符号	现金流量图
整付	终值公式	现值 P	终值 F	$F=P(1+i)^n$	$(F/P, i, n)$	
	现值公式	终值 F	现值 P	$P=F(1+i)^{-n}$	$(P/F, i, n)$	
等额分付	终值公式	年值 A	终值 F	$F=A\dfrac{(1+i)^n-1}{i}$	$(F/A, i, n)$	
	偿债基金公式	终值 F	年值 A	$A=F\dfrac{i}{(1+i)^n-1}$	$(A/F, i, n)$	
	现值公式	年值 A	现值 P	$P=A\dfrac{(1+i)^n-1}{i(1+i)^n}$	$(P/A, i, n)$	
	资本回收公式	现值 P	年值 A	$A=P\dfrac{i(1+i)^n}{(1+i)^n-1}$	$(A/P, i, n)$	
	六个基本公式可以联立记忆： $F=P\times(1+i)^n=A\dfrac{(1+i)^n-1}{i}$ 通过此公式可以求出 F，P，A				此联立公式一定要背下来	

➤ **考分统计**：依据近 4 年真题统计的情况，“等值计算基本公式”仅在 2017 年考查 1 次，考查频次为 25%，但“等值计算基本公式”是考试中的基本知识点，通过等值公式计算各个方案的费用及收益，是对各个方案进行经济评比的前提，属于考生必须掌握的基础内容。

知识点 5 经济效果评价方法

一、评价方案的类型

评价方案的类型以独立型方案和互斥型方案最为常见。

投资方案的分类见图 2-2-1。

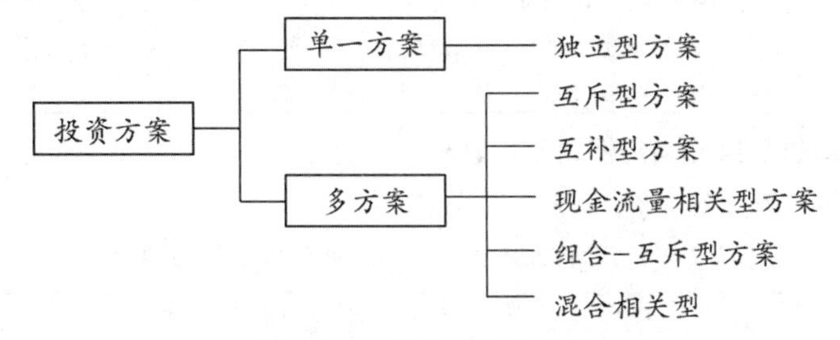

图 2-2-1 投资方案的分类

二、方案的评价

方案的评价见表 2-2-2。

表 2-2-2 方案的评价

方案类型	评价方法	评价程序
独立型方案	应用投资收益率进行评价	计算比较各个方案的投资收益率，投资收益率高者为优选方案
	应用投资回收期进行评价	计算比较各个方案的投资回收期，投资回收期低者为优选方案
	应用 *NPV* 进行评价	计算比较各个方案的 *NPV*，*NPV* 高者为优选方案
	应用 *IRR* 进行评价	计算比较各个方案的 *IRR*，*IRR* 高者为优选方案
互斥型方案	静态评价方法	一般按投资大小由低到高进行两个方案的比选，然后淘汰较差的方案，以保留的较好方案再与其他方案比较，直至所有的方案都经过比较，最终选出经济性最优的方案
	动态评价方法	

（一）计算期相同的互斥方案经济效果的评价

计算期相同的互斥方案经济效果的评价见表 2-2-3。

表 2-2-3 计算期相同的互斥方案经济效果的评价

评价方法	经济效果的评价
净现值（*NPV*）法	首先剔除 $NPV<0$ 的方案，即进行方案的绝对效果检验；然后对所有 $NPV\geqslant 0$ 的方案比较其净现值，选择净现值最大的方案为最佳方案
	对效益相同（或基本相同），但效益无法或很难用货币直接计量的互斥方案进行比较，常用费用现值（*PW*）比较替代净现值进行评价，以费用现值最低的方案为最佳
增量投资内部收益率（ΔIRR）法	所谓增量投资内部收益率 *IRR*，是指两方案各年净现金流量的差额的现值之和等于零时的折现率
	应用 ΔIRR 法评价互斥方案的基本步骤如下： （1）计算各备选方案的 IRR_j，分别与基准收益率 i_c 比较。IRR_i 小于 i_c 的方案，即予淘汰 （2）将 $IRR_j\geqslant i_c$ 的方案按初始投资额由小到大依次排列 （3）按初始投资额由小到大依次计算相邻两个方案的增量投资内部收益率 ΔIRR，若 $\Delta IRR>i_c$，则说明初始投资额大的方案优于初始投资额小的方案，保留投资额大的方案；反之，若 $\Delta IRR<i_c$，则保留投资额小的方案。直至全部方案比较完毕，保留的方案就是最优方案

续表

评价方法	经济效果的评价
净年值（NAV）法	(1) 当给出“+”“−”现金流量时，分别计算各方案的等额年值。凡等额年值小于0的方案，先行淘汰，在余下方案中，选择等额年值大者为优 (2) 当方案所产生的效益无法或很难用货币直接计量时，即只给出投资和年经营成本或作业成本时，计算的等额年值也为“−”值。此时，可以用年费用（AC）替代净年值（NAV）进行评价。即通过计算各备选方案的等额年费用（AC），然后进行对比，以等额年费用（AC）最低者为最佳方案

（二）计算期不同的互斥方案经济效果的评价

计算期不同的互斥方案经济效果的评价见表2-2-4。

表2-2-4　计算期不同的互斥方案经济效果的评价

评价方法	经济效果的评价
净年值（NAV）法	以 $NAV \geqslant 0$ 且 NAV 最大者为最优方案（或费用年金最低）
净现值（NPV）法	最小公倍数法（又称方案重复法）： 以各备选方案计算期的最小公倍数作为比选方案的共同计算期，并假设各个方案均在共同的计算期内重复进行
	研究期法： 究期的确定，一般以互斥方案中年限最短方案的计算期作为研究期
	无限计算期法，公式如下： $NPV = NAV(P/A, i_c, n) = NAV\dfrac{(1+i)^n - 1}{i(1+i)^n}$ 当 $n \to \infty$，即计算期趋势无穷大时， $NPV = \dfrac{NAV}{i}$
增量投资内部收益率（ΔIRR）法	求解寿命不等互斥方案间增量投资内部收益率的方程可以两方案净年值相等的方式建立，其中隐含了方案可重复实施的假定
	在 ΔIRR 存在的情况下，若 $\Delta IRR > i_c$，则初始投资额大的方案为优选方案；若 $0 < \Delta IRR < i_c$，则初始投资额小的方案为优选方案

➤ **考分统计**：依据近4年真题统计的情况，“经济效果评价方法”在2017年考查了1次，考查频次率25%，“经济效果评价方法”多与等值公式结合考查，属于考生重点掌握内容。

知识点 6　寿命周期成本分析

寿命周期成本分析见表2-2-5。

表2-2-5　寿命周期成本分析

项目	内容
概念	工程寿命周期成本（LCC）＝设置费（或建设成本）＋维持费（或使用成本）
常用的寿命周期成本评价方法	(1) 费用效率（CE）法：$CE = SE/LCC = SE/(IC + SC)$，即： 费用效率＝工程系统效率/工程寿命周期成本 ＝工程系统效率/（设置费＋维持费） CE 值愈大愈好
	(2) 固定费用法和固定效率法 1) 固定费用法，是将费用值固定下来，然后选出能得到最佳效率的方案 2) 固定效率法，是将效率值固定下来，然后选出能达到这个效率而费用最低的方案
	(3) 权衡分析法

注：权衡分析法易出问答题。

➢ 注意：利润率的计算公式如下：

实际利润率＝实际利润额/实际成本额

成本利润率＝净利润/施工总成本

➢ 考分统计：依据近4年真题统计的情况，“经济效果评价方法”在2016年考查了1次，考查频率为25%，属于低频考点，它会与等值公式结合考查，利润率的计算也可单独考查，属于考生需要掌握的基础内容。

模块三：网络计划图

网络计划图经常出现在方案选优，工期、费用优化，合同变更与索赔，偏差分析及工程价款结算与决算的类型题目中，有时也与前锋线一起出现。多以双代号（时标）网络计划为主。

知识点 7 网络计划基础知识及计算

一、双代号（时标）网络计划的组成及基本概念

双代号（时标）网络计划的组成及基本概念见表2-3-1。

表2-3-1 双代号（时标）网络计划的组成及基本概念

序号	名称	基本概念
1.	双代号网络图	以箭线及其两端节点的编号表示工作的网络图
(1)	箭线	每一条箭线表示一项工作。工作名称标注在箭线的上方，完成该项工作所需要的持续时间标注在箭线下方。任意一条实箭线都要占用时间、消耗资源（有时只占时间，不消耗资源，如混凝土养护） 紧前工作，紧后工作，平行工作，先行工作，后续工作
(2)	虚箭线	实际工作中并不存在的一项虚设工作，故它们既不占用时间，也不消耗资源，一般起着工作之间的联系、区分和断路三个作用
(3)	节点	又称结点、事件 起点节点，终点节点，中间节点
(4)	线路	网络图中从起始节点开始，沿箭头方向顺序通过一系列箭线与节点，最后达到终点节点的通路称为线路 在一个网络图中可能有很多条线路，在各条线路中，有一条或几条线路的总时间最长，称为关键线路
(5)	逻辑关系	1）工艺关系 2）组织关系
(6)	绘制规则	1）必须正确表达已定的逻辑关系 2）不允许出现循环回路 3）在节点之间不能出现带双向箭头或无箭头的连线 4）不能出现没有箭头节点或没有箭尾节点的箭线 5）当某些节点有多条外向箭线或多条内向箭线时，可使用母线法绘制 6）箭线不宜交叉。交叉不可避免时，可用过桥法或指向法 7）应只有一个起点节点和一个终点节点（多目标网络计划除外），而其他所有节点均应是中间节点 8）双代号网络图应条理清楚，布局合理

续表

序号	名称	基本概念
(7)	样图（见图 2-3-1）	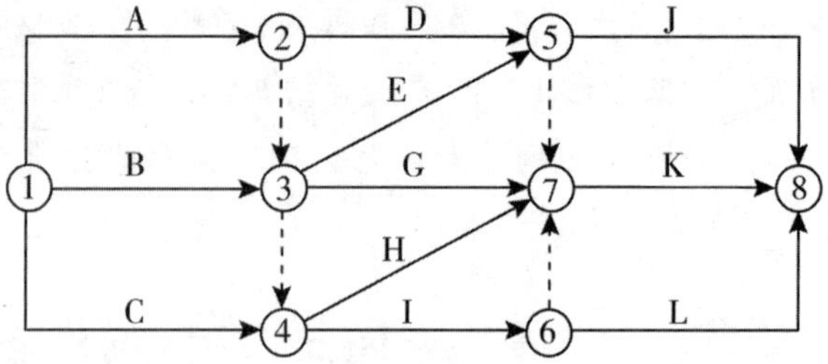 图 2-3-1 双代号网络图样图
2.	双代号时标网络计划	以时间坐标为尺度编制的（双代号）网络计划
(1)	箭线	时标网络计划中应以实箭线表示工作，以虚箭线表示虚工作，以波形线表示工作的自由时差
(2)	绘图规则	1）时标网络计划宜按各个工作的最早开始时间编制。根据最早时间参数在时标计划表上确定节点位置，连线完成，某些工作箭线长度不足以到达该工作的完成节点时，用波形线补足 2）双代号时标网络计划必须以水平时间坐标为尺度表示工作时间 3）时标网络计划中所有符号在时间坐标上的水平投影位置，都必须与其时间参数相对应。节点中心必须对准相应的时标位置 4）时标网络计划中虚工作必须以垂直方向的虚箭线表示，有自由时差时加波形线表示
(3)	特点	1）时标网络计划兼有网络计划与横道计划的优点，它能够清楚地表明计划的时间进程，使用方便 2）时标网络计划能在图上直接显示出各项工作的开始与完成时间，工作的自由时差及关键线路 3）在时标网络计划中可以统计每一个单位时间对资源的需要量，以便进行资源优化和调整 4）由于箭线受到时间坐标的限制，当情况发生变化时，对网络计划的修改比较麻烦，往往要重新绘图
(4)	样图（见图 2-3-2）	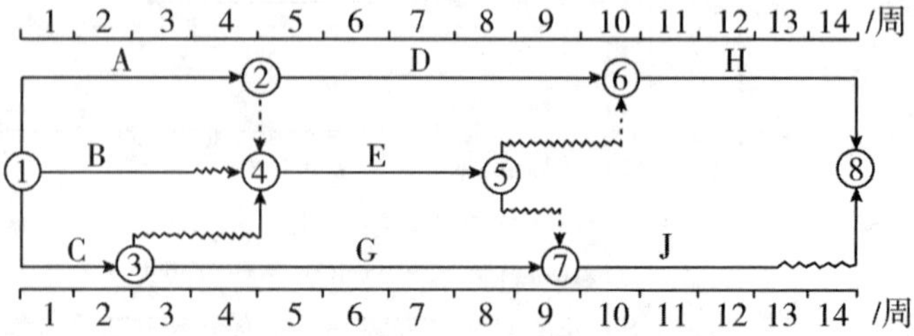 图 2-3-2 双代号时标网络计划样图

二、双代号网络计划时间参数

双代号网络计划时间参数见表 2-3-2。

表 2-3-2　双代号网络计划时间参数

序号	参数名称		含义	表示方法
1	持续时间		指一项工作从开始到完成的时间	D_{i-j}
2	工期（T）	计算工期	根据网络计划时间参数计算出来的工期	T_c
		要求工期	任务委托人所要求的工期	T_r
		计划工期	根据要求工期和计算工期所确定的作为实施目标的工期	T_p
		当已规定了要求工期 T_r 时，$T_p \leqq T_r$ 当未规定要求工期 T_r 时，可令计划工期等于计算工期		—
3	时间参数	最早开始时间	在其所有紧前工作全部完成后，本工作有可能开始的最早时刻	ES_{i-j}
		最早完成时间	在其所有紧前工作全部完成后，本工作有可能完成的最早时刻	EF_{i-j}
		最迟完成时间	在不影响整个任务按期完成的前提下，本工作必须完成的最迟时刻	LF_{i-j}
		最迟开始时间	在不影响整个任务按期完成的前提下，本工作必须开始的最迟时刻	LS_{i-j}
		总时差	在不影响总工期的前提下，本工作可以利用的机动时间	TF_{i-j}
		自由时差	在不影响其紧后工作最早开始时间的前提下，本工作可以利用的机动时间	FF_{i-j}
4	关键工作和关键线路		所有线路中持续时间最长的线路为关键线路，其中的工作为关键工作。	
5	样图（见图 2-3-3）		ES_{i-j} | LS_{i-j} | TF_{i-j} EF_{i-j} | LF_{i-j} | FF_{i-j} i —— 工作名称 / 持续时间 —— j **图 2-3-3　双代号网络计划时间参数样图**	

三、双代号网络计划时间参数计算

（一）按工作计算法

工作计算法的内容见表 2-3-3。

2-3-3　工作计算法

计算项目	内容
计算工作的最早开始时间和最早完成时间	从网络计划的起点节点开始，顺着箭线方向依次逐项计算
	（1）以网络计划的起点节点为开始节点的工作最早开始时间为零 （2）最早开始时间等于各紧前工作的最早完成时间的最大值 （3）最早完成时间等于最早开始时间加上其持续时间

续表

计算项目	内容
确定网络计划的计划工期 T_c	计算工期等于以网络计划的终点节点为箭头节点的各个工作的最早完成时间的最大值 当无要求工期的限制时，取计划工期等于计算工期，即取 $T_p=T_c$
计算工作的最迟完成时间和最迟开始时间	应从网络计划的终点节点起，逆着箭线方向依次逐项计算 (1) 以网络计划的终点节点为箭头节点的工作的最迟完成时间等于计划工期 (2) 最迟完成时间等于各紧后工作的最迟开始时间的最小值 (3) 最迟开始时间等于最迟完成时间减去其持续时间
计算工作的总时差	工作的总时差等于其最迟开始时间减去最早开始时间，或等于最迟完成时间减去最早完成时间
计算工作的自由时差	紧后工作最早开始时间减去本项工作最早完成时间 或：紧后工作最早开始时间减去本项工作最早开始时间再减去本项工作持续时间
确定关键工作和关键线路	(1) 关键工作：网络计划中总时差最小的工作是关键工作 (2) 关键线路：自始至终全部由关键工作组成的线路为关键线路，或线路上总的工作持续时间最长的线路为关键线路
样图（见图 2-3-4）	图 2-3-4 工作计算法样图

(二) 其他算法和画法

(1) 标号法确定关键工作和关键线路，见图 2-3-5。

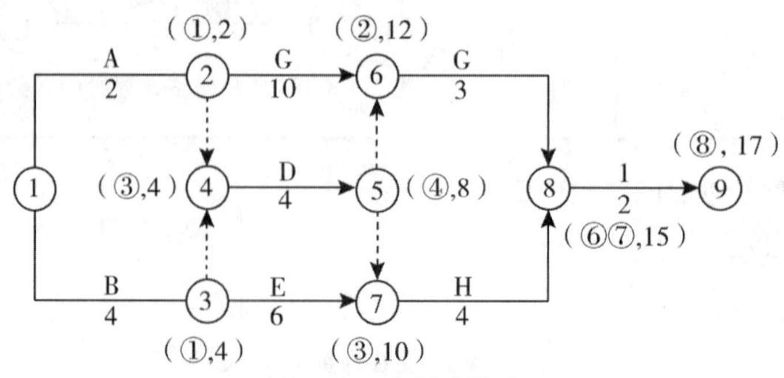

图 2-3-5 标号法样图

(2) 平行线路法——利用封闭线路找关键线路，计算平行工作总时差。

➤ **注意**：记住三个“一定”：

(1) 两条封闭线路的交叉节点一定是关键节点。

(2) 找与之平行的线路一定是关键线路。

(3) 封闭线路一定是差值最小线路。

平行线路法见图 2-3-6。

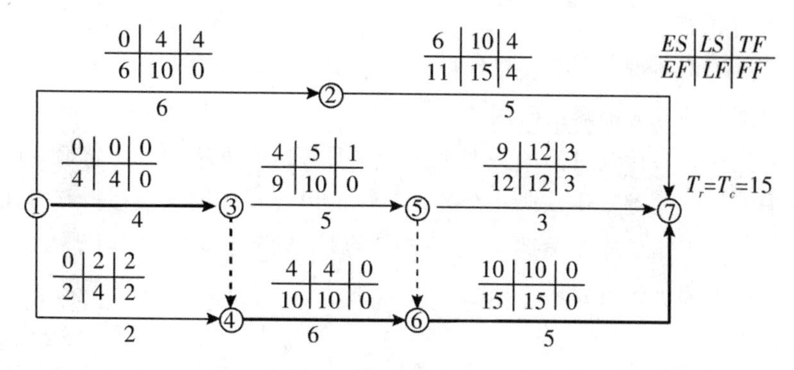

图 2-3-6 平行线路法

➤ **考分统计**："网络计划基础知识及计算"是基于网络计划图的基础内容，案例科目考查中多考查对基础内容的理解和应用，属于考生需要掌握的基础内容。

知识点 8 双代号时标网络计划

双代号时标网络计划见图 2-3-7。

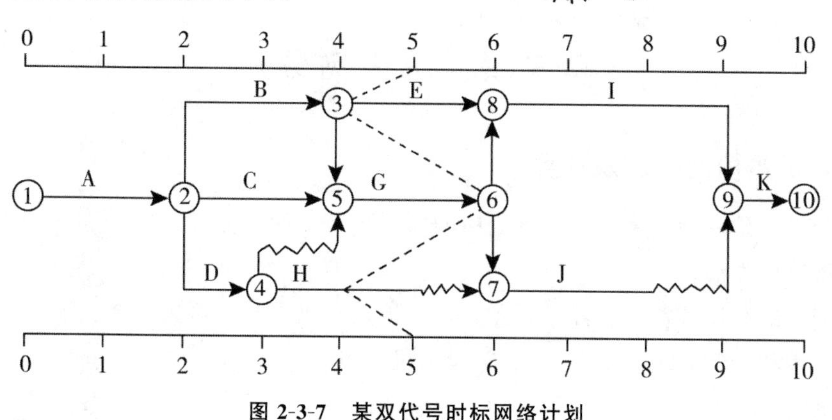

图 2-3-7 某双代号时标网络计划

进度对比反映的信息如下：

（1）工作实际达到的位置在检查日期线的左侧，表示该工作实际进度拖后，拖后的时间为二者之差。

（2）工作实际达到的位置与检查日期线重合，表明该工作实际进度与计划进度一致。

（3）工作实际达到的位置在检查日期线的右侧，表示该工作实际进度超前，超前的时间为二者之差。

➤ **考分统计**："双代号时标网络计划"是基于网络计划图的基础内容，多与前锋线结合考查，属于考生需要掌握的基础内容。

知识点 9 网络计划的优化

网络计划的优化包括工期优化、费用优化、资源优化，重点是工期优化。

工期优化一般通过压缩关键工作的持续时间来满足工期要求，但应注意：

（1）不能改变网络图中各项工作之间的逻辑关系。

（2）被压缩的关键工作在压缩完成后仍应为关键工作。

（3）若优化过程中出现多条关键线路时，为使工期缩短，应将各关键线路持续时间压缩同一数值。

工期优化步骤如下：

（1）按标号法确定关键工作和关键线路，并求出计算工期。

（2）按要求工期计算应缩短的时间 ΔT。

（3）选择应优先缩短持续时间的关键工作，主要考虑所需增加赶工费最少的工作。

（4）将优先缩短的关键工作（或几个关键工作的组合）压缩到最短持续时间，然后找出关键线路，若被压缩的工作变成非关键工作，应将持续时间延长以保持其仍为关键工作。

（5）如果计算工期仍超过要求工期，重复上述（1）～（4），直到满足工期要求或工期不能再缩短为止。

（6）如果存在一条关键线路，该关键线路上所有关键工作都已达到最短持续时间而工期仍不满足要求时，则应考虑对原实施方案进行调整，或调整要求工期。

➢ **考分统计**：依据近4年真题统计的情况，“网络计划的优化”在2016年考查过1次，考查频率为25%，属于低频考点，多考核网络图中工期的压缩及调整，属于考生需要掌握的重要内容。

模块四：决策树分析

知识点 10 决策树的绘制及计算

决策树分析法是一种运用概率与图论中的树对决策中的不同方案进行比较，从而获得最优方案的风险型决策方法。

绘制原则：决策树从左向右开始绘制，从决策点到机会点，再到各个决策枝的末端。在决策树中一般由用“□”表示决策点，“○”表示机会点。

➢**解题思路：**

（1）绘制决策树。决策树的绘制应从左向右绘制，在树枝末端标上指标的期望值，在相应的树枝上标上该指标期望值所发生的概率。

（2）计算各个方案的期望值。决策树的计算应从右向左，其每一步的计算采用概率的形式，当与资金时间价值有关系时，要考虑资金时间价值。

（3）方案选择。根据各方案期望值相比较，期望值大的方案为最优方案。

➢ **注意**：在计算期望值时，损益值是收益时期望值越大方案最优，损益值是费用时期望值越小方案最优。注意题目给出的具体计算内容。

➢ **考分统计**：依据近4年真题统计的情况，“网络计划的优化”在2016、2019年考查过2次，考查频率为50%，决策树在案例及相关书中没有对应知识点内容，但原理及计算相对容易掌握，与价值工程、资金时间价值、网络图交替考查，是考生需要掌握的基础内容。

典型例题

1.【**2018 真题**】某设计院承担了长约 1.8 公里的高速公路隧道工程项目的设计任务。为控制工程成本，拟对选定的设计方案进行价值工程分析。专家组选取了四个主要功能项目，7 名专家进行了功能项目评价。其打分结果见表 2-D-1。

表 2-D-1　功能项目评价得分表

功能项目＼专家	A	B	C	D	E	F	G
石质隧道挖掘工程	10	9	8	10	10	9	9
钢筋混凝土内衬工程	5	6	4	6	7	5	7
路基及路面工程	8	8	6	8	7	8	6
通风照明监控工程	6	5	4	6	4	4	5

经测算，该四个功能项目的目前成本见表 2-D-2，其目标总成本拟限定在 18700 万元。

表 2-D-2　各功能项目目前成本表　　单位：万元

成本＼功能项目	石质隧道挖掘工程	钢筋混凝土内衬工程	路基及路面工程	通风照明监控工程
目前成本	6500	3940	5280	3360

【问题】

1. 根据价值工程基本原理，简述提高产品价值的途径。

2. 计算该设计方案中各功能项目得分，将计算结果填写在表 2-D-3 中。

表 2-D-3　各功能项目得分表

功能项目＼专项	A	B	C	D	E	F	G	功能得分
石质隧道挖掘工程	10	9	8	10	10	9	9	
钢筋混凝土内衬工程	5	6	4	6	7	5	7	
路基及路面工程	8	8	6	8	7	8	6	
通风照明监控工程	6	5	4	6	4	4	5	

3. 计算该设计方案中各功能项目的价值指数、目标成本和目标成本降低额，将计算结果填写在表 2-D-4 中。

表 2-D-4　各功能项目的价值指数、目标成本和目标成本降低额

功能项目	功能评分	功能指数	目前成本/万元	成本指数	价值指数	目标成本/万元	目标成本降低额/万元
石质隧道挖掘工程							
钢筋混凝土内衬工程							
路基及路面工程							
通风照明监控工程							
合计							

4. 确定功能改进的前两项功能项目。

（计算过程保留四位小数，计算结果留三位小数）

【参考答案】

问题1：

价值工程的基本原理是 $V=F/C$，不仅深刻地反映出产品价值与产品功能和实现此功能所耗成本之间的关系，而且也为如何提高价值提供了有效途径。提高产品价值的途径有以下五种：

（1）在提高产品功能的同时，又降低产品成本，这是提高价值最为理想的途径。

（2）在产品成本不变的条件下，通过提高产品的功能，提高利用资源的效果或效用，达到提高产品价值的目的。

（3）在保持产品功能不变的前提下，通过降低产品的寿命周期成本，达到提高产品价值的目的。

（4）产品功能有较大幅度提高，产品成本有较少提高。

（5）在产品功能略有下降、产品成本大幅度降低的情况下，也可以达到提高产品价值的目的。

【点拨】本题考查知识点：价值工程——价值工程基本原理及改进措施。

问题2：

各功能项目得分结果见表2-D-5。

表2-D-5　各功能项目得分表

功能项目＼专项	A	B	C	D	E	F	G	功能得分
石质隧道挖掘工程	10	9	8	10	10	9	9	9.2875
钢筋混凝土内衬工程	5	6	4	6	7	5	7	5.7143
路基及路面工程	8	8	6	8	7	8	6	7.2857
通风照明监控工程	6	5	4	6	4	4	5	4.8571

【点拨】本题考查知识点1：功能值 F 的确定——功能得分的计算。

问题3：

各功能项目的价值指数，目标成本和目标成本降低额见表2-D-6。

表2-D-6　各功能项目的价值指数、目标成本和目标成本降低额

功能项目	功能评分	功能指数	目前成本/万元	成本指数	价值指数	目标成本/万元	目标成本降低额/万元
石质隧道挖掘工程	9.2875	0.3421	6500	0.3407	1.0041	6397.2700	102.730
钢筋混凝土内衬工程	5.7143	0.2105	3940	0.2065	1.0194	3936.3500	3.650
路基及路面工程	7.2857	0.2684	5280	0.2767	0.9700	5019.0800	260.920
通风照明监控工程	4.8571	0.1789	3360	0.1761	1.0159	3345.4300	14.570
合计	27.1428	1.0000	19080	1.0000	—	18700	381.870

【点拨】本题考查知识点1：功能值 F 的确定——功能指数的计算。

知识点 2：功能目标成本 C 的确定——目标成本的计算。

问题 4：

优先改进成本降低额 ΔC 大的功能，成本降低额从大到小排序为路基及路面工程、石质隧道挖掘工程、通风照明监控工程、钢筋混凝土内衬工程。所以功能改进的前两项为路基及路面工程、石质隧道挖掘工程。

【点拨】本题考查知识点 3：功能价值 V 的计算及分析——改进分析。

2. **【2017 真题】**某企业拟建一座节能综合办公楼，建筑面积 25000m²，其工程设计方案部分资料如下：

A 方案：采用装配式钢结构框架体系，预制钢筋混凝土叠合板楼板，装饰、保温、防水三合一复合外墙，双玻断桥铝合金外墙窗，叠合板上现浇珍珠岩保温屋面。单方造价为 2020 元/m²。

B 方案：采用装配式钢筋混凝土框架体系，预制钢筋混凝土叠合板楼板，轻质大板外墙体，双玻铝合金外墙窗，现浇钢筋混凝土屋面板上水泥蛭石保温屋面。单方造价为 1960 元/m²。

C 方案：采用现浇钢筋混凝土框架体系，现浇钢筋混凝土楼板，加气混凝土砌块铝板装饰外墙体，外墙窗和屋面做法同 B 方案。单方造价为 1880 元/m²。

各方案功能权重及得分，见表 2-D-7。

表 2-D-7　各方案功能权重及得分表

功能项目		结构体系	外窗类型	墙体材料	屋面类型
功能权重		0.30	0.25	0.30	0.15
各方案功能得分	A 方案	8	9	9	8
	B 方案	8	7	9	7
	C 方案	9	7	8	7

【问题】

1. 简述价值工程中所述的“价值（V）”的含义。对于大型复杂的产品，应用价值工程的重点是在其寿命周期的哪些阶段？

2. 运用价值工程原理进行计算，将计算结果分别填入表 2-D-8、2-D-9、2-D-10 中，并选择最佳设计方案。

表 2-D-8　功能指数计算表

功能项目		结构体系	外窗类型	墙体材料	屋面类型	合计	功能指数
功能权重		0.30	0.25	0.30	0.15		
各方案功能得分	A 方案	2.4	2.25	2.70	1.20		
	B 方案	2.4	1.75	2.70	1.05		
	C 方案	2.7	1.75	2.40	1.05		

表 2-D-9　成本指数计算表

方案	A	B	C	合计
单方造价/（元/m²）	2020	1960	1880	
成本指数				

表 2-D-10 价值指数计算表

方案	A	B	C
功能指数			
成本指数			
价值指数			

3. 若三个方案设计使用寿命均按 50 年计，基准折现率为 10%，A 方案年运行和维修费用为 78 万元，每 10 年大修一次，费用为 900 万元。已知 B、C 方案年度寿命周期经济成本分别为 664.222 万元和 695.400 万元。其他有关数据资料见表 2-D-11“年金和现值系数表”。列式计算 A 方案的年度寿命周期经济成本，并运用最小年费用法选择最佳设计方案。

表 2-D-11　年金和现值系数

项目	数值				
n	10	20	30	40	50
$(P/A, 10\%, n)$	6.145	8.514	9.427	9.779	9.915
$(P/F, 10\%, n)$	0.386	0.149	0.057	0.022	0.009

【参考答案】

问题 1：

价值工程中所述的“价值（V）”是指作为某种产品（或作业）所具有的功能与获得该功能的全部费用的比值。它不是对象的使用价值，也不是对象的经济价值和交换价值，而是对象的比较价值，是作为评价事物有效程度的一种尺度提出来的。

对于大型复杂的产品，应用价值工程的重点是在产品的研究、设计阶段。

【点拨】本题考查知识点：价值工程——基本概念相关知识。

问题 2：

功能指数计算的内容见表 2-D-12。

表 2-D-12　功能指数计算表

功能项目		结构体系	外窗类型	墙体材料	屋面类型	合计	功能指数
功能权重		0.30	0.25	0.30	0.15		
各方案功能得分	A 方案	2.40	2.25	2.70	1.20	8.55	0.351
	B 方案	2.40	1.75	2.70	1.05	7.90	0.324
	C 方案	2.70	1.75	2.40	1.05	7.90	0.324

成本指数计算的内容见表 2-D-13。

表 2-D-13　成本指数计算表

方案	A	B	C	合计
单方造价/（元/m^2）	2020	1960	1880	5860
成本指数	2020/5860＝0.345	1960/5860＝0.334	1880/5860＝0.321	1.000

价值指数计算的内容见表 2-D-14。

表 2-D-14　价值指数计算表

方案	A	B	C
功能指数	0.351	0.324	0.324
成本指数	0.345	0.334	0.321
价值指数	1.017	0.970	1.009

由计算结果可知，A 方案价值指数最大，因此为最佳设计方案。

计算说明：

（1）各方案功能加权得分：

A 方案：8×0.3+9×0.25+9×0.3+8×0.15=8.550。

B 方案：8×0.3+7×0.25+9×0.3+7×0.15=7.900。

C 方案：9×0.3+7×0.25+8×0.3+7×0.15=7.900。

（2）各方案功能指数：

8.55+7.9+7.9=24.350。

A 方案：8.55/24.35=0.351。

B 方案：7.9/24.35=0.324。

C 方案：7.9/24.35=0.324。

（3）各方案成本指数：

2020+1960+1880=5860。

A 方案：2020/5860=0.345。

B 方案：1960/5860=0.334。

C 方案：1880/5860=0.321。

（4）各方案价值指数：

A 方案：0.351/0.345=1.017。

B 方案：0.324/0.334=0.970。

C 方案：0.324/0.321=1.009。

【点拨】本题考查知识点 1：功能值 F 的确定——功能得分的计算。

知识点 2：功能目标成本 C 的确定——成本指数的计算。

知识点 3：功能价值 V 的计算及分析——利用价值指数进行方案比选。

问题 3：

A 方案的年度寿命周期经济成本：

78+｛900×［（P/F，10%，10）+（P/F，10%，20）+（P/F，10%，30）+（P/F，10%，40）］｝×（A/P，10%，50）+25000×2020/10000×（A/P，10%，50）

=78+［900×（0.386+0.149+0.057+0.022）］×1/9.915+5050×1/9.915

=643.063（万元）。

结论：A 方案的寿命周期年费用最小，故选择 A 方案为最佳设计方案。

【点拨】本题考查知识点 3：项目建设投资现金流量表——调整所得税的计算。

3.**【2016 真题】**某隧洞工程，施工单位与项目业主签订了 120000 万元的施工总承包合同，合同约定：每延长（或缩短）1 天工期，处罚（或奖励）金额 3 万元。

施工过程中发生了以下事件：

事件1：施工前，施工单位拟定了三种隧洞开挖施工方案，并测算了各方案的施工成本，见表2-D-15。

表2-D-15 各施工方案施工成本 单位：万元

施工方案	施工准备工作成本	不同地质条件下的施工成本	
		地质较好	地质不好
先拱后墙法	4300	101000	102000
台阶法	4500	99000	106000
全断面法	6800	93000	—

当采用全断面法施工时，在地质条件不好的情况下，须改用其他施工方法，如果改用先拱后墙法施工，需再投入3300万元的施工准备工作成本；如果改用台阶法施工，需再投入1100万元的施工准备工作成本。

根据对地质勘探资料的分析评估，地质情况较好的可能性为0.6。

事件2：实际开工前发现地质情况不好，经综合考虑施工方案采用台阶法，造价工程师测算了按计划工期施工的施工成本：间接成本为2万元/天；直接成本每压缩工期5天增加30万元，每延长工期5天减少20万元。

【问题】

1. 绘制事件1中施工单位施工方案的决策树。

2. 列式计算事件1中施工方案选择的决策过程，并按成本最低原则确定最佳施工方案。

3. 事件2中，从经济的角度考虑，施工单位应压缩工期、延长工期还是按计划工期施工？说明理由。

4. 事件2中，施工单位按计划工期施工的产值利润率为多少万元？若施工单位希望实现10%的产值利润率，应降低成本多少万元？

【参考答案】

问题1：

事件1中施工单位施工方案的决策树见图2-D-1。

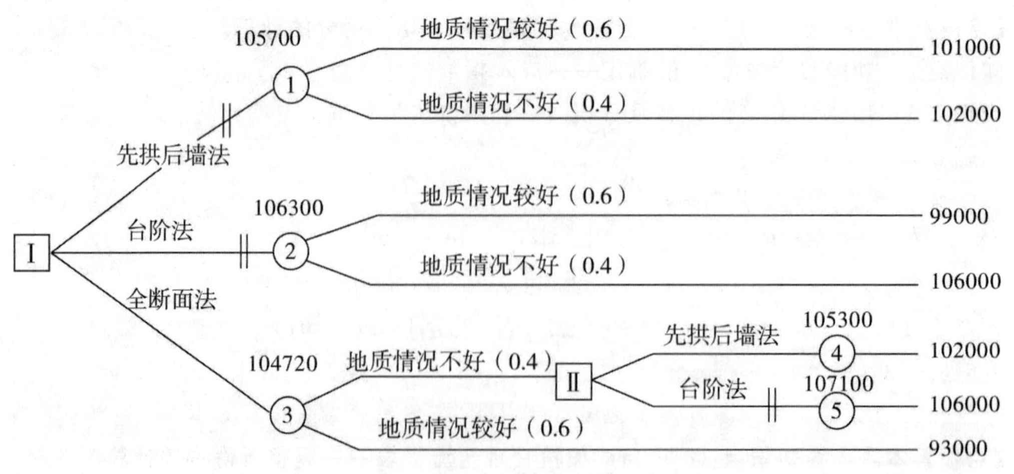

图2-D-1 施工单位施工方案决策树

【点拨】本题考查知识点10：决策树的绘制及计算——决策树的绘制及相关计算。

问题 2：

机会点 1 先拱后墙法总成本期望值＝101000×0.6＋102000×0.4＋4300＝105700（万元）。

机会点 2 台阶法总成本期望值＝99000×0.6＋106000×0.4＋4500＝106300（万元）。

根据题目已知条件，机会点 3 全断面法在地质情况不好的情况下有两种选择：

机会点 4 先拱后墙法成本期望值＝102000＋3300＝105300（万元）。

机会点 5 台阶法成本期望值＝106000＋1100＝107100（万元）。

由于机会点 5 的成本期望值大于机会点 4 的成本期望值，所以若采取全断面法施工，遇地质情况不好时，再改用先拱后墙法施工。

因此，机会点 3 全断面法总成本期望值＝93000×0.6＋105300×0.4＋6800＝104720（万元）。

由于机会点 3 的成本期望值小于机会点 1 和机会点 2 的成本期望值，因此应采用全断面法施工，遇地质情况不好时，再改用先拱后墙法施工。

【点拨】本题考查知识点 10：决策树的绘制及计算——决策树期望值的计算。

问题 3：

压缩工期一天增加费用＝30/5－2－3＝1（万元）。

延长工期一天增加费用＝2＋3－20/5＝1（万元）。

由于延长工期和压缩工期一天均增加费用，所以应当选择按计划方案施工。

【点拨】本题考查知识点 9：网络计划的优化——压缩工期的选择。

合同额＝120000 万元，

地质情况不好情况下采用台阶法施工成本＝4500＋106000＝110500（万元），

产值利润率＝（120000－110500）/120000＝7.92%。

若施工单位希望实现 10%的产值利润率，设降低成本 X 万元，则（120000－110500＋X）/120000＝10%，解得 X＝2500，故应降低成本 2500 万元。

【点拨】本题考查知识点 5：经济效果评价方法——利润率的计算。

本章同步训练

试题一

某城市拟建设一条高速公路，正在考虑两条备选路线，沿河路线与越山路线，两条路线的平均车速都提高了 50km/h，日平均流量都是 6000 辆，寿命均为 30 年（1 年按 360 天计），且无残值，基准收益率为 8%，其他数据见表 2-T-1。

表 2-T-1　两条路线的效益费用表

方案	沿河路线	越山路线
全长/km	20	15
初期投资/万元	490	650
年维护及运行费/［万元/（km·年）］	0.2	0.25
大修每 10 年一次/（万元/10 年）	85	65
运输费用节约/［元/（公里·辆）］	0.098	0.1127
时间费用节约/［元/（小时·辆）］	2.6	2.6

【问题】

试用全寿命周期成本 CE 法分析比较该项目中两条路线的优劣，并作出方案选择。

试题二

某业主邀请若干专家对某商务楼的设计方案进行评价，经专家讨论确定的主要评价指标分别为：功能适用性（F_1）、经济合理性（F_2）、结构可靠性（F_3）、外形美观性（F_4）、环境协调性（F_5）五项评价指标，各功能之间的重要性关系为：F_3 比 F_4 重要得多，F_3 比 F_1 重要，F_5 和 F_2 同等重要，F_4 和 F_5 同等重要，经过筛选后，最终对 A、B、C 三个设计方案进行评价，三个设计方案评价指标的评价得分结果和估算总造价见表 2-T-2。

表 2-T-2　各方案评价指标的评价结果和估算总造价表

功能	方案 A	方案 B	方案 C
功能适用性（F_1）	9 分	8 分	10 分
经济合理性（F_2）	8 分	10 分	8 分
结构可靠性（F_3）	10 分	9 分	8 分
外形美观性（F_4）	7 分	8 分	9 分
与环境协调性（F_5）	8 分	9 分	8 分
估算总造价/万元	6500	6600	6650

【问题】

1. 用 0—4 评分法计算各功能的权重，结果填入表 2-T-3。

表 2-T-3　功能权重计算表

功能	F_1	F_2	F_3	F_4	F_5	得分	权重
F_1							
F_2							
F_3							
F_4							
F_5							

2. 用价值指数法选择最佳设计方案，结果填入表 2-T-4、表 2-T-5。

表 2-T-4　各方案功能指数计算表

方案功能	功能权重	方案功能加权得分		
		A	B	C
F_1	0.250			
F_2	0.125			
F_3	0.375			
F_4	0.125			
F_5	0.125			
合计				
功能指数				

表 2-T-5　各方案价值指数计算表

功能指数	估算造价/万元	成本指数	价值指数
A			
B			
C			
合计			

3. 若 A、B、C 三个方案的年度使用费用分别为 340 万元、300 万元、350 万元，设计使用年限均为 50 年，基准折现率为 10%，用寿命周期年费用法选择最佳设计方案。

(表中数据保留三位小数、其余计算结果均保留两位小数)

》》参考答案《《

试题一：

(1) 沿河路线方案：

1) 列出系统效率 (SE) 项目：

时间费用节约=6000×360×20/50×2.6/10000=224.64 (万元/年)；

运输费用节约=6000×360×20×0.098/10000=423.36 (万元/年)；

则 SE=224.64+423.36=648.00 (万元/年)。

2) 列出寿命周期成本 (LCC) 项目，其中：

设置费 (LC) =490× (A/P，8%，30) =490× [8%× (1+8%) ×30] / [(1+8%) ×30−1] =43.53 (万元/年)。

维持费 (SC) =0.2×20+ [85× (P/F，8%，10) +85× (P/F，8%，20)] × (A/P，8%，30) =9.12 (万元/年)。

LCC=LC+SC=43.53+9.12=52.65 (万元/年)。

3) 计算费用效率：

CE=SE/LCC=648/52.65=12.31。

(2) 越山路线方案：

1) 列出系统效率 (SE) 项目：

时间费用节约= (6000×360×15/50×2.6) /10000=168.48 (万元/年)，

运输费用节约= (6000×360×15×0.1127) /10000=365.15 (万元/年)，

则 SE=168.48+365.15=533.63 (万元/年)。

2) 列出寿命周期成本 (LCC) 项目，其中：

设置费 (LC) =650 (A/P，8%，30) =650× [8%× (1+8%) ×30] / [(1+8%) ×30−1] =57.74 (万元/年)；

维持费 (SC) =0.25×15+ [65× (P/F，8%，10) +65× (P/F，8%，20)] × (A/P，8%，30) =7.66 (万元/年)；

LCC=LC+SC=57.74+7.66=65.40。

3) 计算费用效率：

CE=SE/LCC=533.63/65.40=8.16。

综上，应采用费用效率较高的沿河线路。

试题二：

问题 1：

功能权重的内容见表 2-T-6。

表 2-T-6　功能权重计算表

	F_1	F_2	F_3	F_4	F_5	得分	权重
F_1	×	3	1	3	3	10	0.250
F_2	1	×	0	2	2	5	0.125
F_3	3	4	×	4	4	15	0.375
F_4	1	2	0	×	2	5	0.125
F_5	1	2	0	2	×	5	0.125
合计						40	1.000

问题 2：

各方案功能指数计算内容见表 2-T-7。

表 2-T-7　各方案功能指数计算表

	A	B	C	合计
估算总造价/万元	6500	6600	6650	19750
成本指数	0.329	0.334	0.337	1.000

各方案价值指数计算内容见表 2-T-8。

表 2-T-8　各方案价值指数计算表

	A	B	C
成本指数	0.329	0.334	0.337
功能指数	0.338	0.333	0.329
价值指数	1.027	0.996	0.977

根据以上结果，方案 A 的价值指数最大，故最佳设计方案为 A。

问题 3：

(1) 计算各方案寿命周期年费用：

A 方案：$6500\times(A/P, 10\%, 50)+340=6500\times10\%\times(1+10\%)^{50}[(1+10\%)^{50}-1]+340=995.58$（万元）。

B 方案：$6600\times(A/P, 10\%, 50)+300=6600\times10\%\times(1+10\%)^{50}[(1+10\%)^{50}-1]+300=965.67$（万元）。

C 方案：$6650\times(A/P, 10\%, 50)+350=6650\times10\%\times(1+10\%)^{50}[(1+10\%)^{50}-1]+350=1020.71$（万元）。

(2) 根据以上结果，方案 B 的寿命周期年费用最低，故最佳设计方案为 B。

第三章　工程计量与计价

本章是考试的重点，也是难点，主要涉及工程量的计算和清单组价，也涉及定额的相关知识和设计概算、施工图预算等的编制过程，工程量计算规范和清单计价规范是本章知识点的主要来源，由于其计算规则较多，较散，故不容易记忆和理解，尤其是对于非专业考生来说，由于专业基础薄弱，学习起来更有难度。在学习中，可以结合《建设工程技术与计量》中的工程量计算规则章节和《建设工程计价》中的工程计价章节学习，效果会更好。

第三章在考试中对应第五题（考试改革后原来第6道试题改为第5道），共计40分，考试的题型设置比较固定，具有一定的规律，但要取得较好成绩还需要注重对基础知识的把握，尤其是识图知识是必须掌握的基础知识。

知识脉络

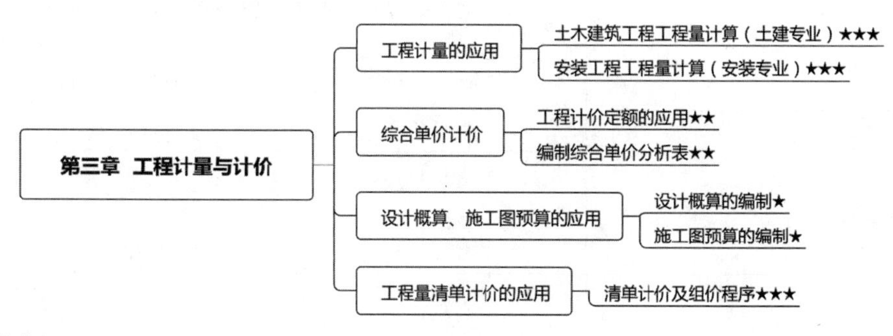

考情分析

近四年真题分值分布统计表　　（单位：分）

模块	知识点	近四年考查情况		分值
		年份	考查知识点	
模块一：工程计量的应用	知识点1：土木建筑工程工程量计算（土建专业）	2019	混凝土垫层、独立基础、矩形基础柱、钢筋工程量的计算	12
		2018	钢筋混凝土烟囱基础钻孔灌注桩、基础垫层、钢筋笼及模板工程量计算	20
		2017	计算轻型钢屋架系统分部分项工程量	12
		2016	计算电梯厅楼地面、墙面、天棚、门和门套等土建装饰分部分项工程的结算工程量	18
	知识点2：安装工程工程量计算（安装专业）	2019	管道：— 电气：—	0
		2018	管道：计算办公楼卫生间给水管道、阀门等工程量 电气：计算配管、配线、避雷网、均压环等工程量	25 25
		2017	管道：计算成品油泵房管道系统管道和阀门安装工程清单工程量 电气：计算配电房电气配管和配线工程量	15 15
		2016	管道：— 电气：—	0

续表

模块	知识点	近四年考查情况		分值
		年份	考查知识点	
模块二：综合单价计价	知识点3：工程计价定额的应用	2019	土建：计算分部分项工程人工、材料、机械使用费消耗量 管道：— 电气：—	18 0 0
		2018	土建：— 管道：— 电气：—	0
		2017	土建：结合轻型钢屋架消耗量定额基价表，列式计算每吨钢屋架油漆、防火漆的消耗量及费用，其他材料费用 管道：给定安装定额的相关数据计算综合单价 电气：给定相关定额、单价和损耗率计算人材机费用	6 5 15
		2016	土建：— 管道：— 电气：—	0
	知识点4：编制综合单价分析表	2019	土建：— 管道：— 电气：—	0
		2018	土建：— 管道：编制PP-R塑料给水管道综合单价分析表 电气：编制避雷网综合单价分析表	0 15 15
		2017	土建：编制轻型钢屋架综合单价分析表 管道：编制中压管道 $DN150$ 安装项目分部分项工程量清单的综合单价 电气：编制综合单价分析表	9 10 10
		2016	土建：— 管道：— 电气：—	0
模块三：设计概算、施工图预算的应用	知识点5：设计概算的编制	2019	—	0
		2018	—	
		2017	—	
		2016	—	

续表

模块	知识点	近四年考查情况		分值
		年份	考查知识点	
模块三：设计概算、施工图预算的应用	知识点 6：施工图预算的编制	2019	—	0
		2018	—	
		2017	—	
		2016	—	
模块四：工程量清单计价的应用	知识点 7：清单计价及组价程序	2019	土建：清单计价及组价（编制单位工程最高投标限价） 管道：— 电气：—	12 0 0
		2018	土建：清单计价（分部分项工程和单价措施项目清单与计价表填写），及组价（编制单位工程最高投标限价） 管道：— 电气：—	20 0 0
		2017	土建：编制分部分项工程和单价措施项目清单与计价表，单位工程招标控制价汇总表 管道：编制分部分项工程和单价措施项目清单与计价表，计算管道安装清单项目综合单价对应的含增值税综合单价，以及承包商应承担的增值税应纳税额（单价） 电气：—	13 10 0
		2016	土建：填写“分部分项工程和单价措施项目清单与计价表”并编制“单位工程竣工结算汇总表” 管道：— 电气：—	22 0 0

模块一：工程计量的应用

《建设工程工程量清单计价规范》(GB 50500—2013）的架构体系（了解即可)：

2013 年“计价规范”形成以《建设工程工程量清单计价规范》为母规范，九大专业工程量计量规范与其配套使用的工程量清单计价体系。

《建设工程工程量清单计价规范》编号为 GB 50500—2013。

《房屋建筑与装饰工程工程量计算规范》，编号为 GB 50854—2013。

《仿古建筑工程工程量计算规范》，编号为 GB 50855—2013。

《通用安装工程工程量计算规范》，编号为 GB 50856—2013。

《市政工程工程量计算规范》，编号为 GB 50857—2013。

《园林绿化工程工程量计算规范》，编号为 GB 50858—2013。

《矿山工程工程量计算规范》，编号为 GB 50859—2013。

《构筑物工程工程量计算规范》，编号为 GB 50860—2013。

《城市轨道交通工程工程量计算规范》，编号为 GB 50861—2013。

《爆破工程工程量计算规范》，编号为 GB 50862—2013。

知识点 1 土木建筑工程工程量计算（土建专业）

一、建筑面积计算

建筑面积计算一般原则：凡在结构上、使用上形成具有一定使用功能的建筑物和构筑物，并能单独计算出其水平面积的，应计算建筑面积；反之，不应计算建筑面积。(以《建筑工程建筑面积计算规范》GB/T 50353—2013 为准)

➢ **考分统计**：建筑面积计算并不是案例分析科目考试的重点，自造价工程师考试以来，只有一年涉及建筑面积的计算考题，其余年份均没有涉及。需要考生特别注意的是有些工程量的计算规则是以建筑面积为主的，如平整场地、脚手架工程量的计算等。

二、房屋建筑与装饰工程工程量计算常用规则与方法

这里介绍的常用规则与方法，依据为《房屋建筑与装饰工程工程量计算规范》(GB 50854—2013）和《房屋建筑与装饰工程消耗量定额》。

(一) 土石方工程

土石方工程的内容见表 3-1-1。

表 3-1-1 土石方工程

项目	单位	计算规则
1. 土方工程	—	—
(1) 平整场地	m^2	1) 按设计图示尺寸以建筑物首层建筑面积计算 2) 建筑物场地厚度≤±300mm 的挖、填、运、找平，应按平整场地项目编码列项；厚度>±300mm 的竖向布置挖土或山坡切土应按一般土方项目编码列项

续表

项目	单位	计算规则
(2) 挖一般土方	m^3	1) 按设计图示尺寸以体积计算 2) 挖土方平均厚度应按自然地面测量标高至设计地坪标高间的平均厚度确定 3) 桩间挖土不扣除桩的体积
(3) 挖沟槽土方及挖基坑土方	m^3	按设计图示尺寸以基础垫层底面积乘以挖土深度计算
(4) 管沟土方	m/m^3	1) 按设计图示以管道中心线长度计算，或按设计图示管底垫层面积乘以挖土深度以体积计算 2) 无管底垫层按管外径的水平投影面积乘以挖土深度计算 3) 不扣除各类井的长度，井的土方并入
2. 回填	—	—
(1) 回填方	m^3	1) 按设计图示尺寸，以体积计算 2) 室内回填：主墙间净面积乘以回填厚度，不扣除间隔墙 3) 基础回填：挖方清单项目工程量减去自然地坪以下埋设的基础体积（包括基础垫层及其他构筑物）
(2) 余方弃置	m^3	按挖方清单项目工程量减利用回填方体积（正数）计算

注：坡度系数为：宽（B）/高（H）（见图 3-1-1），计算放坡时，在交接处的重复工程量不予扣除，原槽、坑作基础垫层时，放坡自垫层上表面开始计算。

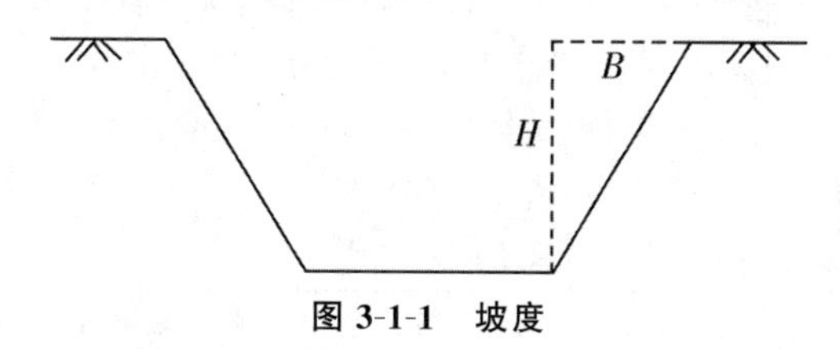

图 3-1-1　坡度

（二）地基处理与边坡支护工程

地基处理与边坡支护工程的内容见表 3-1-2。

表 3-1-2　地基处理与边坡支护工程

项目	单位	计算规则
基坑与边坡支护	—	—
(1) 地下连续墙	m^3	按设计图示墙中心线长乘以厚度乘以槽深以体积计算
(2) 型钢桩	t/根	按设计图示尺寸以质量计算；或按设计图示数量计算
(3) 钢板桩	t/m^2	按设计图示尺寸以质量计算；或按设计图示墙中心线长乘以桩长以面积计算
(4) 锚杆（锚索）、土钉	m/根	按设计图示尺寸以钻孔深度计算；或按设计图示数量计算
(5) 喷射混凝土（水泥砂浆）	m^2	喷射混凝土（水泥砂浆）的工程量按设计图示尺寸以面积计算
(6) 钢支撑	t	钢支撑按设计图示尺寸以质量计算；不扣除孔眼质量，焊条、铆钉、螺栓等不另增加质量

（三）桩基础工程

桩基础工程的内容见表 3-1-3。

表 3-1-3　桩基础工程

项目	单位	计算规则
打桩	—	—
预制钢筋混凝土方桩、预制钢筋混凝土管桩	m	按设计图示尺寸以桩长（包括桩尖）计算
	m^3	按设计图示截面积乘以桩长（包括桩尖）以实体积计算
	根	按设计图示数量计算

(四) 砌筑工程

砌筑工程的内容见表 3-1-4。

表 3-1-4　砌筑工程

项目	单位	计算规则
砖砌体	—	—
(1) 砖基础	m^3	按设计图示尺寸以体积计算
		包括附墙垛基础宽出部分体积，扣除地梁（圈梁）、构造柱所占体积，不扣除基础大放脚T形接头处的重叠部分及嵌入基础内的钢筋、铁件、管道、基础砂浆防潮层和单个面积≤0.3m^2 的孔洞所占体积，靠墙暖气沟的挑檐不增加
		基础长度的确定：外墙基础按外墙中心线，内墙基础按内墙净长线计算
		1) 基础与墙（柱）身使用同一种材料时，以设计室内地面为界（有地下室者，以地下室室内设计地面为界），以下为基础，以上为墙（柱）身 2) 基础与墙身使用不同材料时，位于设计室内地面高度≤±300mm 时，以不同材料为分界线，高度>±300mm 时，以设计室内地面为分界线砖围墙应以设计室外地坪为界，以下为基础，以上为墙身
(2) 实心砖墙、多孔砖墙、空心砖墙	m^3	按设计图示尺寸以体积计算
	扣除	门窗、洞口、过人洞、空圈、嵌入墙内的钢筋混凝土柱、梁、圈梁、挑梁、过梁及凹进墙内的壁龛、管槽、暖气槽、消火栓箱所占体积
	不扣除	梁头、板头、檩头、垫木、木楞头、沿椽木、木砖、门窗走头、砖墙内加固钢筋、木筋、铁件、钢管及单个面积≤0.3m^2 的孔洞所占体积
	合并计算	凸出墙面的砖垛并入墙体体积内计算，附墙烟囱、通风道、垃圾道、应按设计图示尺寸以体积（扣除孔洞所占体积）计算并入所依附的墙体体积内
	不计算	凸出墙面的腰线、挑檐、压顶、窗台线、虎头砖、门窗套的体积亦不增加
	墙长度	外墙按中心线，内墙按净长线
	墙高度	1) 外墙：斜（坡）屋面无檐口天棚者算至屋面板底；有屋架且室内外均有天棚者算至屋架下弦底另加 200mm；无天棚者算至屋架下弦底另加 300mm，出檐宽度超过 600mm 对按实砌高度计算；有钢筋混凝土楼板隔层者算至板顶；平屋面算至钢筋混凝土板底 2) 内墙：位于屋架下弦者，算至屋架下弦底；无屋架者算至天棚底另加 100mm；有钢筋混凝土楼板隔层者算至楼板顶；有框架梁时算至梁底 3) 女儿墙：从屋面板上表面算至女儿墙顶面（如有混凝土压顶时算至压顶下表面） 4) 内、外山墙：按其平均高度计算

(五) 混凝土及钢筋混凝土工程

混凝土及钢筋混凝土工程的内容见表 3-1-5。

表 3-1-5　混凝土及钢筋混凝土工程

项目	单位	计算规则
现浇混凝土基础	m^3	按设计图示尺寸以体积计算，不扣除构件内钢筋、预埋铁件和伸入承台基础的桩头所占体积
现浇混凝土柱	m^3	按设计图示尺寸以体积计算，不扣除构件内钢筋、预埋铁件所占体积
		柱高的计算： (1) 有梁板的柱高，应自柱基上表面（或楼板上表面）至上一层楼板上表面之间的高度计算 (2) 无梁板的柱高，应自柱基上表面（或楼板上表面）至柱帽下表面之间的高度计算 (3) 框架柱的柱高应自柱基上表面至柱顶高度计算 (4) 构造柱按全高计算，嵌接墙体部分（马牙槎）并入柱身体积 (5) 依附柱上的牛腿和升板的柱帽，并入柱身体积计算
现浇混凝土梁	m^3	(1) 按设计图示尺寸以体积计算，不扣除构件内钢筋、预埋铁件所占体积，伸入墙内的梁头、梁垫并入梁体积内 (2) 梁长：梁与柱连接时，梁长算至柱侧面；主梁与次梁连接时，次梁长算至主梁侧面
现浇混凝土板	m^3	(1) 按设计图示尺寸以体积计算，不扣除构件内钢筋、预埋铁件及单个面积≤$0.3m^2$ 的柱、垛以及孔洞所占体积 (2) 压形钢板混凝土楼板扣除构件内压形钢板所占体积 (3) 有梁板（包括主、次梁与板）按梁、板体积之和计算 (4) 无梁板按板和柱帽体积之和计算 (5) 各类板伸入墙内的板头并入板体积内计算 (6) 薄壳板的肋、基梁并入薄壳体积内计算
现浇混凝土楼梯	m^2	按设计图示尺寸以水平投影面积计算，不扣除宽度≤500mm 的楼梯井，伸入墙内部分不计算
	m^3	按设计图示尺寸以体积计算
	—	当整体楼梯与现浇楼板无梯梁连接时，以楼梯的最后一个踏步边缘加 300mm 为界
钢筋工程	t	(1) 均按设计图示钢筋（网）长度（面积）乘以单位理论质量计算 (2) 现浇构件中伸出构件的锚固钢筋应并入钢筋工程量内。除设计（包括规范规定）标明的搭接外，其他施工搭接不计算工程量，在综合单价中综合考虑
箍筋长度的计算	—	(1) 矩形梁、柱的箍筋长度应按图纸规定计算，无规定时，箍筋长度＝构件截面周长－8×保护层厚＋2×钩长 (2) 箍筋（或其他分布钢筋）的根数，应按下式计算： $箍筋根数=\frac{箍筋分布长度}{箍筋间距}+1$ 注意式中在计算根数时取整加 1；箍筋分布长度一般为构件长度减去两端保护层厚度

1. 柱平法施工图的注写方式

某KZ1截面注写示图见图3-1-2。

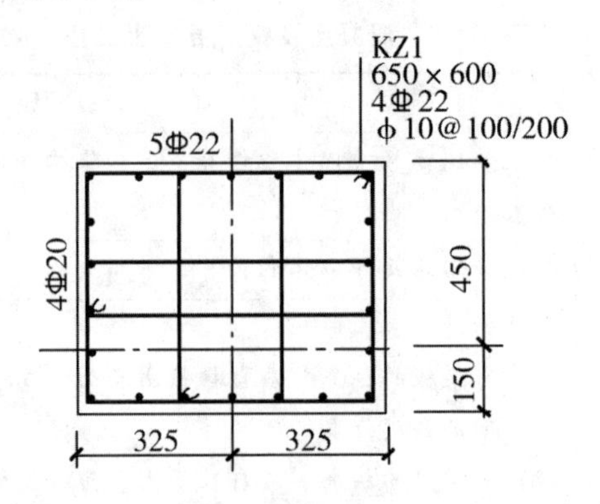

图3-1-2　某KZ1截面注写示意图（19.470～37.470）

2. 梁平法施工图的注写方式

梁配筋的平法标注见图3-1-3。

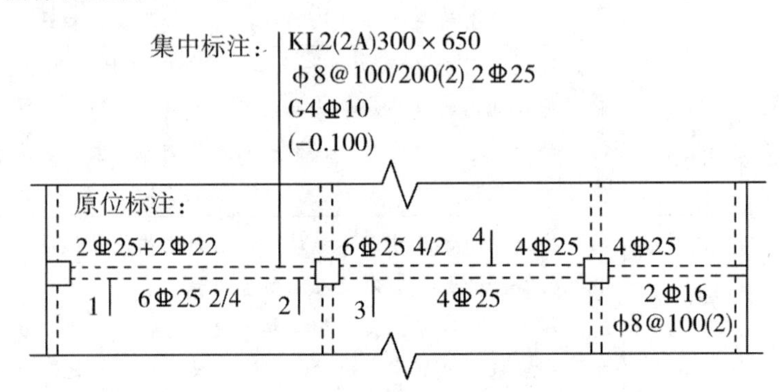

图3-1-3　梁配筋的平法标注

以图3-1-3为例，集中标注说明：

KL2（2A）300×650——梁编号KL2，两跨并一端悬挑，断面尺寸300×650。

ϕ8@100/200（2）2Φ25——箍筋为直径8mm的Ⅰ级钢筋，加密区间距100mm，非加密区间距200mm，双肢箍，上部通长筋（或架立筋）为2根直径为25mm的Ⅱ级钢筋。

G4ϕ10——梁中部配构造筋4根直径10mm的Ⅰ级钢筋。

（－0.100）——梁顶面标高高差（比该楼层标高降低0.1m）。

以图3-1-3为例，原位标注说明：

左数第一跨上部2Φ25＋2Φ22——梁上部2根直径25mm的Ⅱ级钢筋，2根直径为22mm的Ⅱ级钢筋。

左数第一跨下部6Φ25——梁下部6根直径25mm的Ⅱ级钢筋，排成两排，下数第一排4根、第二排2根。

左数第二跨上部6Φ25 4/2——梁上部6根直径25mm的Ⅱ级钢筋，排成两排，上数第一排4根、第二排2根。

悬挑部分ϕ8@100（2）——箍筋为直径8mm的Ⅰ级钢筋，间距100mm，双肢箍。

（1）集中标注。

1）梁截面尺寸。例：KL7（5A）300×650；XL7　300×700/500；KL7（5A）300×750

Y500×250；KL7（5A）300×750　PY500×250。

A表示一端悬挑；B表示两端悬挑，悬挑不计跨数；Y500 ×250表示加腋梁，腋长500，腋高250；P表示水平加腋梁。

2）梁箍筋。

例：ϕ8@100（4）/150（2），表示箍筋为HPB300钢筋，直径为8，加密区间距为100，四肢箍；非加密区间距为150，两肢箍。

3）梁上部通长筋或架立筋配置。

例：2Φ22+（4ϕ12）表示2Φ22为通长钢筋，4ϕ12为架立筋。

3Φ22，3Φ22表示梁的上部配置3Φ22的通长钢筋，梁的下部配置3Φ22的通长钢筋。

4）梁侧面纵向构造钢筋或受扭钢筋配置。

如G4ϕ12表示梁的两个侧面配置4ϕ12的纵向构造钢筋，每侧面各配置2ϕ12。

如N6Φ22表示梁的两个侧面配置6Φ22的受扭纵向钢筋，每侧面各配置3Φ22。

梁侧面构造钢筋，其搭接与锚固长度可取15d。

（2）原位标注。

1）梁支座上部纵筋。

如6Φ25 4/2表示上一排纵筋为4Φ25，下一排纵筋为2Φ25。

如2Φ25+2Φ22表示梁支座上部有四根纵筋，2Φ25放在角部，2Φ22放在中部。

2）梁下部纵筋。

如2Φ25+3Φ22（—3）/5Φ25表示上排纵筋为2Φ25和3Φ22，其中3Φ22的不伸入支座，下排纵筋为5Φ25，全部伸入支座。

3. 有梁楼盖平法施工图的注写方式

当两向轴网正交布置时，图面从左至右为X向，从下至上为Y向。

当轴网向心布置时，切向为X向，径向为Y向。

板类型及代号为楼面板（LB）、屋面板（WB）、悬挑板（XB）。

贯通钢筋按板块的下部和上部分部注写，B代表下部，T代表上部。

例如，LB5 h=110 B：XΦ12@120；YΦ10@100表示5号楼面板、板厚110mm、板下部X向贯通纵筋Φ12 @120，板下部Y向贯通纵筋Φ10@100，板上部未配置贯通纵筋。

LB5 h=110 B：XΦ10/12@100；YΦ10@110表示5号楼面板、板厚110mm，板下部配置的贯通纵筋X向为Φ10和Φ12隔一布一，间距100mm，Y向贯通纵筋Φ10@110。

XB2 h =150/100 B：Xc&YcΦ8@200表示2号悬挑板、板根部厚150mm、端部厚100mm，板下部配置构造钢筋双向均为Φ8@200，上部受力钢筋见板支座原位标注。

（六）金属结构

以“t”为计量的，统一的规则为：“按设计图示尺寸以质量计算。不扣除孔眼的质量，焊条、铆钉、螺栓等不另增加质量”，制作安装过程需要钢板的都是按照“不规则或多边形钢板以其外接矩形面积乘以厚度乘以单位理论质量计算。”

（七）墙、柱面装饰与隔断、幕墙工程

墙、柱面装饰与隔断、幕墙工程的内容见表3-1-6。

表 3-1-6　墙、柱面装饰与隔断、幕墙工程

项目	单位	计算规则
墙面抹灰	m^2	墙面抹灰工程量按设计图示尺寸以面积计算： (1) 扣除墙裙、门窗洞口及单个＞0.3m^2 的孔洞面积 (2) 不扣除踢脚线、挂镜线和墙与构件交接处的面积 (3) 门窗洞口和孔洞的侧壁及顶面不增加面积 (4) 附墙柱、梁、垛、烟囱侧壁并入相应的墙面面积内 (5) 飘窗凸出外墙面增加的抹灰并入外墙工程量内
		内墙抹灰面积按主墙间的净长乘以高度计算： (1) 无墙裙的内墙高度按室内楼地面至天棚底面计算 (2) 有墙裙的内墙高度按墙裙顶至天棚底面计算 (3) 有吊顶天棚抹灰，高度算至天棚底，但有吊顶天棚的内墙面抹灰，抹至吊顶以上部分在综合单价中考虑
柱（梁）面抹灰	m^2	按设计图示柱（梁）断面周长乘以高度以面积计算
墙面块料面层	m^2	按镶贴表面积计算
柱（梁）面镶贴块料	m^2	按设计图示尺寸以镶贴表面积计算

（八）天棚工程

天棚工程的内容见表 3-1-7。

表 3-1-7　天棚工程

项目	单位	计算规则
天棚抹灰	m^2	按设计图示尺寸以水平投影面积计算： (1) 不扣除间壁墙、垛、柱、附墙烟囱、检查口和管道所占的面积 (2) 带梁天棚、梁两侧抹灰面积并入天棚面积内 (3) 板式楼梯底面抹灰按斜面积计算 (4) 锯齿形楼梯底板抹灰按展开面积计算
天棚吊顶	m^2	按设计图示尺寸以水平投影面积计算： (1) 天棚面中的灯槽及跌级、锯齿形、吊挂式、藻井式天棚面积不展开计算 (2) 不扣除间壁墙、检查口、附墙烟囱、柱垛和管道所占面积 (3) 扣除单个＞0.3m^2 的孔洞、独立柱及与天棚相连的窗帘盒所占的面积

（九）措施项目

1. 脚手架工程

脚手架工程的内容见表 3-1-8。

表 3-1-8　脚手架工程

项目	单位	计算规则
综合脚手架	m^2	按建筑面积计算
外脚手架、里脚手架、整体提升架、外装饰吊篮	m^2	按所服务对象的垂直投影面积计算
悬空脚手架、满堂脚手架	m^2	按搭设的水平投影面积计算
挑脚手架	m	按搭设长度乘以搭设层数以延长米计算

2. 混凝土模板及支架

混凝土模板及支架的内容见表 3-1-9。

表 3-1-9　混凝土模板及支架

项目	计算规则
混凝土基础、柱、梁、墙板等主要构件模板及支架工程量	按模板与现浇混凝土构件的接触面积计算；原槽浇灌的混凝土基础不计算模板工程量
	(1) 现浇钢筋混凝土墙、板模板及支架单孔面积≤$0.3m^2$ 的孔洞不予扣除，洞侧壁模板亦不增加；单孔面积＞$0.3m^2$ 时应予扣除，洞侧壁模板面积并入墙、板工程量内计算 (2) 现浇框架模板分别按梁、板、柱有关规定计算；附墙柱、暗梁、暗柱并入墙内工程量内计算 (3) 柱、梁、墙、板相互连接的重叠部分，均不计算模板面积 (4) 构造柱按图示外露部分计算模板面积

➤ **考分统计**：本知识点是本章的重点内容，每年的计量与计价题中必然要出题的知识点，分值大约占到 15～22 分左右，此部分知识点不但是此题的重点，也是本科目考试的重点和难点，考生复习时应该给予充分地重视，本书只是针对出题频率较高的计算规则给予总结和描述，对于出题频率不高或者基本不考的内容并未予以总结和描述。

知识点 2　安装专业工程量计算（安装专业）

一、通用设备工程量计算常用规则与方法

通用设备工程量计算常用规则与方法的内容见表 3-1-10。

表 3-1-10　通用设备工程量计算常用规则与方法

项目	单位	计算规则
1. 消防工程工程计量	—	—
(1) 水灭火管道（水喷淋、消火栓钢管、无缝钢管、不锈钢管、碳钢管、铜管等）	m	不扣除阀门、管件及各种组件所占长度，按设计图示管道中心线长度以“m”计算
(2) 火灾自动报警系统、水喷淋（雾）头、水流指示器、减压孔板、集热板、不锈钢管件、铜管管件、选择阀、气体喷头	个	
2. 电气照明工程计量规则	—	—
(1) 配管、线槽、桥架	m	按设计图示尺寸以长度“m”计算，不扣除管路中间的接线箱（盒）、开关盒所占长度
(2) 配线	m	按设计图示尺寸以单线长度“m”计算
(3) 接线箱、接线盒	个	按设计图示尺寸以“个”计算
(4) 灯具	套	按设计图示尺寸以“套”计算

二、管道和设备工程工程量计算常用规则与方法

以给排水、采暖、燃气工程计量为例，介绍管道和设备工程工程量计算常用规则与方法，其内容见表 3-1-11。

表 3-1-11　管道和设备工程工程量计算常用规则与方法

项目	单位	计算规则
给排水、采暖、燃气管道（包括镀锌光管、不锈钢管、塑料管、水泥管等）	m	按设计图示管道中心线以长度计算
管道支吊架与设备支吊架	kg/套	按设计图示质量计算或按设计图示数量计算
套管	个	按设计图示数量计算
管道附件	个/组/块	按设计图示数量计算
法兰	副/片	——

三、工业管道工程计量

工业管道工程计量的内容见表 3-1-12。

表 3-1-12　工业管道工程计量

项目	单位	计算规则
各种管道安装	m	按设计管道中心线长度计算，不扣除阀门及各种关键所占长度；室外埋设管道不扣除附属构筑物（井）所占长度，方形补偿器以其所占长度列入管道安装工程量
管件、阀门	个	按设计图示数量计算
法兰	副/片	按设计图示数量计算
板卷管和管件制作	t/个	按设计图示质量或数量计算
管架制作安装	kg	按设计图示质量计量
管材表面超声波探伤检测	m/m^2	按无损探伤长度以“m”为单位计量或按探伤面积以“m^2”为单位计量
焊缝 X 光射线、γ射线和磁粉探伤	张/口	以“张/口”为单位计算

四、电气和自动化控制工程工程量计算

（一）电气工程计量

电气工程计量的内容见表 3-1-13。

表 3-1-13　电气工程计量

项目	单位	计算规则
1. 变压器和消弧线圈安装	台	按设计图示数量计量
2. 配电装置安装（断路器、接触器、隔离开关、负荷开关等）	台/个/组	—
3. 母线安装	—	—
（1）软母线、组合母线、带形母线、槽型母线	m	按设计图示尺寸以单相长度计算（含预留长度）
（2）共箱母线、低压封闭式插接母线槽	m	按设计图示尺寸以中心线长度计算

续表

项目	单位	计算规则
(3) 始端箱、分线箱	台	按设计图示数量计算
(4) 穿墙套管	个	按设计图示数量计算
4. 滑触线安装	m	按设计图示尺寸以单相长度计算（含预留长度）
5. 电缆安装、控制电缆	m	按设计图示尺寸以长度计算（含预留长度及附加长度）
(1) 电缆保护管、电缆槽盒、铺沙、盖保护板（砖）	m	按设计图示尺寸以长度计算
(2) 电力电缆头、控制电缆头	个	按设计图示数量计算
(3) 电缆分支箱	台	按设计图示数量计算
6. 接地极	根/块	按设计图示数量计算
(1) 接地母线、避雷引下线、均压环、避雷网	m	按设计图示尺寸以长度计算（含附加长度）
(2) 避雷针	根	—
7. 配管、线槽、桥架	m	按设计图示尺寸长度计算［配管、线槽安装不扣除管路中间的接线箱（盒）、灯头盒、开关盒所占长度］
(1) 配线	m	按设计图示尺寸单线长度计算
(2) 接线箱、接线盒	个	按设计图示数量计算
8. 照明器具安装	套	按设计图示数量计算

（二）通信设备及线路工程计量

通信设备及线路工程计量的内容见表 3-1-14。

表 3-1-14　通信设备及线路工程计量

项目	单位	计算规则
开关电源设备、整流器、电子交流稳压器、市话组合电源、调压器、变换器、不间断电源设备	架/盘/台/套	按设计图示数量计算
单芯电源线	m	按设计图示尺寸以中心线长度计算
电缆槽道、走线架、机架、框	m/架/个	按设计图示尺寸以中心线长度计算或按设计图示数量计算
列柜，电源分配柜、箱，配线架	架	按设计图示数量计算
设备电缆、软光纤	m/条	按设计图示尺寸以中心线长度计算或按设计图示数量计算

➤ **考分统计**：本知识点与土木建筑工程工程量计算规则属同类知识点，只是适用于不同的专业，是本章的重点内容，属于必然出题的知识点。由于安装专业考试题目结构相对简单，所以分值大约占到 18～25 分左右，是本科目考试的重点和难点，尤其是对非本专业考生来说难度更大，虽然计算规则相对较简单，但难度主要体现在对项目缺乏直观感受，考生复习时应该给予充分地重视，本书中也只是针对出题频率较高的计算规则给予总结和描述，对于出题频率不高或者基本不考的内容并未予以描述。

模块二：综合单价计价

知识点 3 工程计价定额的应用

一、建筑安装工程人工、材料及机械台班定额消耗量的确定方法

（一）确定人工定额消耗量的基本方法

确定人工定额消耗量的基本方法的内容见表 3-2-1。

表 3-2-1 确定人工定额消耗量的基本方法

项目	内容
1. 确定工序作业时间	工序作业时间＝基本工作时间＋辅助工作时间
（1）基本工作时间	基本工作时间是工人完成能生产一定产品的施工工艺过程所消耗的时间，根据计时资料确定（考题一般会给定）
（2）辅助工作时间	辅助工作时间是为保证基本工作能顺利完成所消耗的时间（考题会给定时间或者给出“辅助工作时间占工序作业时间”的百分比）
2. 确定规范时间	规范时间内容包括工序作业时间以外的“准备与结束时间、不可避免中断时间以及休息时间”（题目会有明确的占“工作日”的百分比）
3. 拟定（劳动）定额时间	利用工时规范，可以计算劳动定额的时间定额。计算公式如下： 工序作业时间＝基本工作时间＋辅助工作时间 ＝基本工作时间/（1－辅助时间%） 规范时间＝准备与结束工作时间＋不可避免的中断时间＋休息时间 （劳动）定额时间＝工序作业时间＋规范时间 ＝基本工作时间＋辅助工作时间＋准备与结束工作时间＋不可避免中断时间＋休息时间 ＝工序作业时间/（1－规范时间%） 时间定额＝定额时间/8 时间定额×产量定额＝1

【例题】通过计时观察，完成某工程的基本工时为 6h/m²，辅助工作时间为工序作业时间的 8%。规范时间占工作时间的 15%，则完成该工程的时间定额是多少工日/m²？

【参考答案】基本工作时间＝6h＝6/8＝0.75（工日/m²），

工序作业时间＝0.75/（1－8%）＝0.82（工日/m²），

时间定额＝0.82/（1－15%）＝0.96（工日/m²）。

（二）确定材料定额消耗量的基本方法

确定实体材料的净用量定额和材料损耗定额的计算数据，是通过现场技术测定、实验室试验、现场统计和理论计算等方法获得的。其相关的计算公式如下：

材料损耗率＝损耗量/净用量×100%

材料损耗量＝材料净用量×损耗率（%）

材料消耗量＝材料净用量＋损耗量＝材料净用量×［1＋损耗率（%）］

【例题】砌筑一砖厚砖墙，砖的净用量为 529 块/m³，砖的施工损耗率为 1.5%，场外运输损耗率为 1%。则每 m³ 砖墙工程中砖的定额消耗量为多少块？

【参考答案】砖的总消耗量＝砖的净用量×［（1＋损耗率（％）］＝529×（1＋1.5％）＝537.04（块）。

【例题】经现场观测，完成 $10m^3$ 某分项工程需消耗某种材料 $1.76m^3$，其中损耗量 $0.055m^3$，则该种材料的损耗率为多少？

【参考答案】材料净用量＝材料消耗量－损耗量＝1.76－0.055＝1.705（m^3）。

材料损耗率＝（损耗量/净用量）×100％＝（0.055/1.705）×100％＝3.23％。

（三）确定机具台班定额消耗量的基本方法

机具台班定额消耗量包含机械台班定额消耗量和仪器仪表台班定额消耗量，二者确定方法大体相同，其确定的基本方法的内容见表 3-2-2。

表 3-2-2　确定机具台班定额消耗量的基本方法

项目	内容
1. 确定机械 1 小时纯工作正常生产率	就是在正常施工组织条件下，具有必需的知识和技能的技术工人操纵机械 1 小时的生产率（纯工作单位时间内的生产产品数量）
（1）循环动作机械相关公式	机械一次循环的正常延续时间＝∑（循环各组成部分正常延续时间）－交叠时间 机械纯工作 1h 循环次数＝$\frac{60\times60\ (s)}{一次循环的正常延续时间}$ 机械纯工作 1h 正常生产率＝机械纯工作 1h 正常循环次数×一次循环生产的产品数量
（2）连续动作机械相关公式	连续动作机械纯工作 1h 正常生产率＝$\frac{工作时间内生产的产品数量}{工作时间\ (h)}$
2. 确定施工机械的时间利用系数	施工机械的时间利用系数，是指机械在工作班内对工作时间的利用率（纯工作时间占正常工作班时间的比率）： 机械时间利用系数＝机械在一个工作班内纯工作时间/一个工作班延续时间（8h）
3. 计算施工机械台班定额	施工机械台班产量定额＝机械 1h 纯工作正常生产率×工作班纯工作时间 或：施工机械台班产量定额＝机械 1h 纯工作正常生产率×工作班延续时间×机械时间利用系数 施工机械时间定额＝$\frac{1}{机械台班产量定额指标}$

【例题】出料容量为 500L 的砂浆搅拌机，每循环工作一次，需要运料、装料、搅拌、卸料和中断的时间分别为 120s、30s、180s、30s、30s，其中运料与其他循环组成部分交叠的时间为 30s。机械正常利用系数为 0.8，则 500L 砂浆搅拌机的产量定额为多少 m^3/台班？（$1m^3$＝1000L）

【参考答案】一次循环时间＝120＋30＋180＋30＋30－30＝360（s）。

机械纯工作 1 小时循环次数＝3600/360＝10（次）。

机械纯工作 1 小时正常生产率＝10×0.5＝5（m^3）。

砂浆搅拌机的产量定额＝5×8×0.8＝32（m^3/台班）。

二、建筑安装工程人工、材料、机械台班单价的确定方法

（一）人工单价的组成和确定

人工单价的组成：①计时或计件工资；②奖金；③津贴补贴；④特殊情况下支付的工资。

（二）材料单价的组成和确定方法

材料单价是指建筑材料从其来源地运到施工工地仓库，直至出库形成的综合单价。材料单

价一般由材料原价（或供应价格）、材料运杂费、运输损耗费、采购及保管费组成，其计算公式如下：

材料单价＝材料原价（或供应价格）＋材料运杂费＋运输损耗费＋采购保管费
＝{[材料原价（或称供应价格）＋运杂费]×[1＋运输损耗率（%）]}×[1＋采购及保管费率（%）]

材料费＝∑（材料消耗量×材料单价）

（三）施工机械台班单价的组成

施工机械台班单价由七项费用组成，包括折旧费、检修费、维护费、安拆费及场外运费、人工费、燃料动力费、其他费用等。

（四）仪器仪表台班单价的组成

施工仪器仪表台班单价由四项费用组成：折旧费、维护费、校验费、动力费。施工仪器仪表台班单价中的费用组成不含检测软件的相关费用。

三、工程计价定额的编制

工程计价定额是指工程定额中直接用于工程计价的定额或指标，包括预算定额、概算定额、概算指标和估算指标等。工程计价定额主要用来在建设项目的不同阶段作为确定和计算工程造价的依据。

（一）预算定额及其基价编制

预算定额是在正常施工条件下，完成一定计量单位合格分项工程和结构构件所需消耗的人工、材料、施工机具台班数量及相应费用标准，是编制施工图预算的主要依据。

预算定额与施工定额计量单位往往不同。施工定额的计量单位一般按照工序或施工过程确定；而预算定额的计量单位主要是根据分部分项工程和结构构件的形体特征及其变化确定。

1. 预算定额中人工工日消耗量的计算

预算定额中人工工日消耗量一般为基本用工＋其他用工，其计算的内容见表 3-2-3。考题一般以劳动定额为基础确定；预算定额中人工工日消耗量是指在正常施工条件下，生产单位合格产品所必须消耗的人工工日数量，是由分项工程所综合的各个工序劳动定额包括的基本用工、其他用工两部分组成的。

表 3-2-3 预算定额中人工工日消耗量的计算

<table>
<tr><th>项目</th><th colspan="2">内容</th></tr>
<tr><td>基本用工</td><td colspan="2">基本用工指完成一定计量单位的分项工程或结构构件的各项工作过程的施工任务所必须消耗的技术工种用工，按技术工种相应劳动定额工时定额计算，以不同工种列出定额工日
基本用工＝∑（综合取定的工程量×劳动定额）</td></tr>
<tr><td rowspan="4">其他用工</td><td colspan="2">其他用工是辅助“基本用工”而消耗的工日</td></tr>
<tr><td>超运距用工</td><td>超运距是指劳动定额中已包括的材料、半成品场内水平搬运距离与预算定额所考虑的现场材料、半成品堆放地点的水平运输距离之差
超运距＝预算定额取定运距－劳动定额已包括的运距
超运距用工＝∑（超运距材料数量×时间定额）</td></tr>
<tr><td>辅助用工</td><td>指技术工种劳动定额内不包括而在预算定额内又必须考虑的用工
辅助用工＝∑（材料加工数量×相应的加工劳动定额）</td></tr>
<tr><td>人工幅度差用工</td><td>预算定额与劳动定额的差额，主要是指在劳动定额中未包括而在正常施工情况下不可避免但又很难准确计量的用工和各种工时损失
人工幅度差＝（基本用工＋辅助用工＋超运距用工）×人工幅度差系数</td></tr>
</table>

2. 预算定额中材料消耗量的计算

预算定额中材料消耗量的计算的内容见表 3-2-4。

表 3-2-4　预算定额中材料消耗量的计算

项目	公式
材料消耗量	材料损耗率＝（损耗量/净用量）×100% 材料损耗量＝材料净用量×损耗率（%） 材料消耗量＝材料净用量＋损耗量＝材料净用量×［1＋损耗率（%）］

3. 预算定额中机具台班消耗量的计算

预算定额中的机械台班消耗量，是指在正常施工条件下，生产单位合格产品（分部分项工程或结构构件）必需消耗的某种型号施工机具的台班数量，其计算的内容见表 3-2-5。

表 3-2-5　预算定额中机具台班消耗量的计算

项目	内容
根据施工定额确定机械台班消耗量的计算	预算定额机械耗用台班＝施工定额机械耗用台班×（1＋机械幅度差系数） 机械台班幅度差是指在施工定额中所规定的范围内没有包括，而在实际施工中又不可避免产生的影响机械或使机械停歇的时间

【例题】已知某挖土机挖土，一次正常循环工作时间是 40s，每次循环平均挖土量 $0.3m^3$，机械正常利用系数为 0.8，机械幅度差为 25%。求该机械挖土方 $1000m^3$ 的预算定额机械耗用台班量。

【参考答案】机械纯工作 1h 循环次数＝3600/40＝90（次/台时），

机械纯工作 1h 正常生产率＝90×0.3＝27（m^3/台时），

施工机械台班产量定额＝27×8×0.8＝172.8（m^3/台班），

施工机械台班时间定额＝1/172.8＝0.00579（台班/m^3），

预算定额机械耗用台班＝0.00579×（1＋25%）＝0.00723（台班/m^3），

挖土方 $1000m^3$ 的预算定额机械耗用台班量＝1000×0.00723＝7.23（台班）。

4. 预算定额基价编制

预算定额基价就是预算定额分项工程或结构构件的单价，只包括人工费、材料费和施工机具使用费，也称工料单价。相关的计算公式如下：

分项工程预算定额基价＝人工费＋材料费＋机具使用费

人工费＝∑（现行预算定额中人工工日用量×人工日工资单价）

材料费＝∑（现行预算定额中各种材料耗用量×相应材料单价）

机具使用费＝∑（现行预算定额中机械台班使用量×机械台班单价）＋∑（仪器仪表台班用量×仪器仪表台班单价）

（二）概算定额

概算定额，完成合格的单位扩大分项工程或单位扩大结构构件所需消耗的人工、材料和施工机具台班的数量标准及其费用标准。概算定额是预算定额的综合与扩大。

（三）概算指标

概算指标，通常是以单位工程为对象，以建筑面积、体积或成套设备装置的台或组为计量单位而规定的人工、材料、机具台班的消耗量标准和造价指标。

（四）投资估算指标

投资估算指标，以独立的建设项目、单项工程或单位工程为对象，综合项目全过程投资和建设中的各类成本和费用。

➢ **考分统计**：本部分内容是考试的重点，尤其是关于建筑安装工程人材机消耗量和单价确定内容。此部分知识点考查时往往与综合单价分析表的编制结合在一起，在根据题目条件计算出人材机的消耗量及单价后，再计算综合单价，因而此部分知识点是做好综合单价分析，甚至是清单组价的基础，考查形式有的时候是要求具体计算，有的时候是只要求会准确运用题中条件数据即可，出题频率较高，分值一般能占到5～8分左右，在安装专业中往往占分值会更高，考生在复习中应注意理解记忆。

知识点 4 编制综合单价分析表

综合单价分析表的编制属于清单计价组价部分的内容，考试时往往是与定额的基础知识考查一并设置，故此处设置编制综合单价分析表知识点。目的是希望考生针对考试出题的特点了解知识体系，具体编制方式详见模块四：工程量清单计价的应用。综合单价分析表样式见表3-2-6。

表3-2-6　综合单价分析表

<table>
<tr><td colspan="2">项目编码</td><td colspan="2"></td><td>项目名称</td><td></td><td colspan="2">计量单位</td><td colspan="2"></td><td>工程量</td><td></td></tr>
<tr><td colspan="12">清单综合单价组成明细</td></tr>
<tr><td rowspan="2">定额编号</td><td rowspan="2">定额名称</td><td rowspan="2">定额单位</td><td rowspan="2">数量</td><td colspan="4">单价/元</td><td colspan="4">合价/元</td></tr>
<tr><td>人工费</td><td>材料费</td><td>机械费</td><td>管理费和利润</td><td>人工费</td><td>材料费</td><td>机械费</td><td>管理费和利润</td></tr>
<tr><td></td><td></td><td></td><td></td><td></td><td></td><td></td><td></td><td></td><td></td><td></td><td></td></tr>
<tr><td></td><td></td><td></td><td></td><td></td><td></td><td></td><td></td><td></td><td></td><td></td><td></td></tr>
<tr><td colspan="2">人工单价</td><td colspan="6">小计</td><td></td><td></td><td></td><td></td></tr>
<tr><td colspan="2"></td><td colspan="6">未计价材料/元</td><td colspan="4"></td></tr>
<tr><td colspan="8">清单项目综合单价/（元/m³）</td><td colspan="4"></td></tr>
<tr><td rowspan="4">材料费明细</td><td colspan="3">主要材料名称、规格、型号</td><td colspan="2">单位</td><td colspan="2">数量</td><td>单价/元</td><td>合价/元</td><td>暂估单价/元</td><td>暂估合价/元</td></tr>
<tr><td colspan="3"></td><td colspan="2"></td><td colspan="2"></td><td></td><td></td><td></td><td></td></tr>
<tr><td colspan="7">其他材料费/元</td><td></td><td></td><td></td><td></td></tr>
<tr><td colspan="7">材料费小计/元</td><td></td><td></td><td></td><td></td></tr>
</table>

模块三：设计概算、施工图预算的应用

知识点 5 设计概算的编制

设计概算文件的编制应采用单位工程概算、单项工程综合概算（单项工程综合概算是以各个单位工程概算为基础来编制的）、建设项目总概算三级概算编制形式。当建设项目为一个单项工程时，可采用单位工程概算、总概算两级概算编制形式。

一、单位工程概算

扫码听课

单位工程概算又分为建筑工程概算和设备及安装工程概算两大类。

（一）建筑工程概算

概算定额法，主要计算步骤：先计算工程量，然后计算套价，相关公式如下：

单位工程概算造价＝分部分项工程费＋措施项目费

分部分项工程费中各子目的全费用综合单价应包括人工费、材料费、施工机具使用费、管理费、利润、规费和税金。

（二）概算指标法

概算指标法是用拟建厂房、住宅的建筑面积（或体积）乘以技术条件相同或基本相同的概算指标得出人、材、机费，然后按规定计算出企业管理费、利润、规费和税金等，得出单位工程概算的方法。

单位工程根算价的计算公式如下：

单位工程概算造价＝概算指标每 m^2（m^3）综合单价（全费用）×拟建工程建筑面积（体积）

如遇到拟建工程结构特征与概算指标中规定的结构特征有局部不同的情况，必须对概算指标进行调整后方可套用。调整方法如：

（1）调整概算指标中的每 m^2（m^3）综合单价。计算公式如下：

$$结构变化修正概算指标（元/m^2）=J+Q_1P_1-Q_2P_2$$

式中，J——原概算指标综合单价；Q_1——概算指标中换入结构的工程量；Q_2——概算指标中换出结构的工程量；P_1——换入结构的综合单价；P_2——换出结构的综合单价。

（2）调整概算指标中的人、材、机数量。计算公式如下：

结构变化修正概算指标的人、材、机数量＝原概算指标的人、材、机数量＋换入结构件工程量×相应定额人、材、机消耗量－换出结构件工程量×相应定额人、材、机消耗量

（三）类似工程预算法

使用此方法是一般也需要对建筑结构差异和价差进行调整。

结构差异调整与概算指标法相同。

价格差异调整：

（1）当类似工程造价资料有具体的人工、材料、机具台班的用量时，可按类似工程预算造价资料中的主要材料、工日、机具台班数量乘以拟建工程所在地的主要材料预算价格、人工单价、机具台班单价，计算出人、材、机费，再计算企业管理费、利润、规费和税金，即可得出所需的综合单价。

（2）类似工程造价资料只有人工、材料、机具台班使用费和企业管理费等费用或费率时，可按下面公式调整：

$$D=A\cdot K$$

$$K=a\%K_1+b\%K_2+c\%K_3+d\%K_4$$

式中，D——拟建工程成本单价；A——类似工程成本单价；K——成本单价综合调整系数；$a\%$、$b\%$、$c\%$、$d\%$——类似工程预算的人工费、材料费、施工机具使用费、企业管理费占预算成本的比重，如 $a\%=$（类似工程人工费/类似工程预算成本）×100%，$b\%$、$c\%$、$d\%$类同；K_1、K_2、K_3、K_4——拟建工程地区与类似工程预算成本在人工费、材料费、施工机具使用费、企业管理费之间的差异系数，如 K_1＝拟建工程概算的人工费（或工资标准）/类似工程预算人工费（或地区工资标准），K_2、K_3、K_4 类同。

（四）单位设备及安装工程概算

设备及安装工程概算包括设备购置费概算和安装工程概算两大部分。

其中，设备购置费概算步骤：计算设备原价→汇总求出设备总原价→求设备运杂费→两项相加汇总，其编制方法主要是估价指标法。

安装工程概算的编制方法有预算单价法、扩大单价法、设备价值百分比法和综合吨位指标

法等。

此部分内容了解即可。

二、单项工程综合概算的编制

单项工程综合概算是以各个单位工程概算为基础来编制的。此部分内容了解即可。

知识点 6 施工图预算的编制

一、施工图预算的概念和组成

施工图预算是以施工图设计文件为依据，按照规定的程序、方法和依据，在工程施工前对工程项目的工程费用进行的预测与计算。施工图预算的成果文件称作施工图预算书，也简称施工图预算，它是在施工图设计阶段对工程建设所需资金做出较精确计算的设计文件。

施工图预算由建设项目总预算、单项工程综合预算和单位工程预算组成。建设项目总预算由单项工程综合预算汇总而成，单项工程综合预算由组成本单项工程的各单位工程预算汇总而成，单位工程预算包括建筑工程预算和设备及安装工程预算。

二、单位工程施工图预算的编制

(一) 建筑安装工程费计算

单位工程施工图预算包括建筑工程费、安装工程费和设备及工器具购置费。在设计阶段，主要采用的编制方法是单价法，招标及施工阶段主要的编制方法是基于工程量清单的综合单价法。单价法又可分为工料单价法和全费用综合单价法。

1. 工料单价法

工料单价法是指分部分项工程及措施项目的单价为工料单价，将子项工程量乘以对应工料单价后的合计作为直接费，直接费汇总后，再根据规定的计算方法计取企业管理费、利润、规费和税金，将上述费用汇总后得到该单位工程的施工图预算造价。工料单价法中的单价一般采用地区统一单位估价表中的各子目工料单价（定额基价）。工料单价法计算公式如下：

建筑安装工程预算造价＝∑（子目工程量×子目工料单价）＋企业管理费＋利润＋规费＋税金

工料单价法的编制程序（过程）略。

2. 全费用综合单价法

采用全费用综合单价法编制建筑安装工程预算的程序与工料单价法大体相同，只是直接采用包含全部费用和税金等项在内的综合单价进行计算，过程更加简单，其目的是适应目前推行的全过程全费用单价计价的需要。

（1）分部分项工程费的计算。建筑安装工程预算的分部分项工程费应由各子目的工程量乘以各子目的综合单价汇总而成。各子目的工程量应按预算定额的项目划分及其工程量计算规则计算。各子目的综合单价应包括人工费、材料费、施工机具使用费、管理费、利润、规费和税金。

（2）综合单价的计算。各子目综合单价的计算可通过预算定额及其配套的费用定额确定。其中人工费、材料费、机具费应根据相应的预算定额子目的人材机要素消耗量，以及报告编制期人材机的市场价格（不含增值税进项税额）等因素确定；管理费、利润、规费、税金等应依据预算定额配套的费用定额或取费标准，并依据报告编制期拟建项目的实际情况、市场水平等因素确定，同时编制建筑安装工程预算时应同时编制综合单价分析表。

(3) 措施项目费的计算。建筑安装工程预算的措施项目费应按下列规定计算。

1) 可以计量的措施项目费与分部分项工程费的计算方法相同。

2) 综合计取的措施项目费应以该单位工程的分部分项工程费和可以计量的措施项目费之和为基数乘以相应费率计算。

(4) 分部分项工程费与措施项目费之和即为建筑安装工程施工图预算费用。

(二) 设备及工器具购置费计算

设备及工器具购置费编制方法及内容可参照设计概算相关内容。

(三) 单位工程施工图预算书编制

单位工程施工图预算由建筑安装工程费和设备及工器具购置费组成，将计算好的建筑安装工程费和设备及工器具购置费相加，即得到单位工程施工图预算，即：

单位工程施工图预算=建筑安装工程预算+设备及工器具购置费

三、单项工程综合预算的编制

单项工程综合预算造价由组成该单项工程的各个单位工程预算造价汇总而成。计算公式如下：

单项工程施工图预算=∑单位建筑工程费用+∑单位设备及安装工程费用

四、建设项目总预算的编制

建设项目总预算由组成该建设项目的各个单项工程综合预算，以及经计算的工程建设其他费、预备费和建设期利息和铺底流动资金汇总而成。三级预算编制中总预算由综合预算和工程建设其他费、预备费、建设期利息及铺底流动资金汇总而成，计算公式如下：

总预算=∑单项工程施工图预算+工程建设其他费+预备费+建设期利息+铺底流动资金

二级预算编制中总预算由单位工程施工图预算和工程建设其他费、预备费、建设期贷款利息及铺底流动资金汇总而成，计算公式如下：

总预算=∑单位建筑工程费用+∑单位设备及安装工程费用+工程建设其他费用+预备费+建设期利息+铺底流动资金

➤ **考分统计：** 知识点5、6是大纲要求考生需要掌握的内容，但从考试出题频率的角度分析，其并不是学习的重点，近年来真题中也没有出现相关题目，尤其是在计量与计价题目中更是没有涉及，此部分作为一般性的理解内容即可。但关于运用设计概算编制方法，如概算定额法、概算指标法及类似工程预算发等方法的原理，在本科目第一题中要求利用类似已建项目数据计算拟建项目投资额的题目是有过出题的，考生应予以重视。

模块四：工程量清单计价的应用

知识点 7 清单计价及组价程序

一、计价过程

根据《建设工程工程量清单计价规范》(GB50500—2013) 的基本思想，关于清单计价主要有以下5个方面的工作涉及到，即：

(1) (招标) 工程量清单编制。

（2）招标控制价编制。

（3）投标报价编制。

（4）竣工结算编制。

（5）工程造价鉴定。

从考试复习角度分析，其中：（招标）工程量清单编制主要侧重于清单工程量的编制规则，招标控制价编制与投标报价编制从程序上基本是一致的，主要区别在于编制的主体和依据不同，一个是招标人编制，一个是投标人编制，因此在复习时可以结合理解。竣工结算编制程序与招标控制价和投标报价编制程序类似，主要区别在于需要用到的是全部是实际发生的量和价格。对于造价鉴定，本质上与竣工阶段编制一致，原来大纲并未要求，新版大纲做了明确的说明。

二、工程量清单编制与计价组价

扫码听课

采用工程量清单计价，建设工程造价由分部分项工程费、措施项目费、其他项目费、规费和税金组成。招标工程量清单应由分部分项工程项目清单、措施项目清单、其他项目清单、规费和税金项目清单组成。

建设项目总报价由建设项目各组成费用汇总得到。工程量清单计价的过程具体见表 3-4-1。

表 3-4-1　工程量清单计价的过程

步骤	内容
1	分部分项工程费＝∑（分部分项工程量×相应分部分项综合单价）
2	措施项目费＝∑各措施项目费
3	其他项目费＝暂列金额＋暂估价＋计日工＋总承包服务费
4	单位工程报价＝分部分项工程费＋措施项目费＋其他项目费＋规费＋税金
5	单项工程报价＝∑单位工程报价
6	建设项目总报价＝∑单项工程报价

（一）分部分项工程和单价措施项目清单的编制与计价

（1）分部分项工程和单价措施项目工程量计算的内容见表 3-4-2。（表中数据位取自某题目，仅作演示理解用，不具备任何意义，下同）

表 3-4-2　某分部分项工程和单价措施项目工程量计算表

序号	项目编码	项目名称	项目特征描述	计量单位	工程量（净量）	计算过程
1	010101003001	挖沟槽土方	三类土，挖土深度 4m 以内，弃土运距 200m	m^3	478.40	2.3×80×（3＋0.2－0.6）＝478.40
2	010103001001	基础回填土	夯填	m^3	276.32	478.40－36.80－153.60－（3－0.6－2）×0.365×80＝276.32

（2）分部分项工程和单价措施项目清单的编制。

分部分项工程和单价措施项目清单应包括项目编码、项目名称、项目特征、计量单位和工

程量。

表 3-4-3　分部分项工程和单价措施项目清单与计价表

序号	项目编码	项目名称	项目特征描述	计量单位	工程量	金额/元		
						综合单价	合价	其中：暂估价
1	010101003001	挖沟槽土方	三类土，挖土深度 4m 以内，弃土运距 200m	m^3	478.40			
		分部小计						
合计								

（3）分部分项工程和单价措施项目清单综合单价的计算步骤和方法。

综合单价的计算公式如下：

$$综合单价=人工费+材料费+机械使用费+管理费+利润$$

1）人工挖土方工程量计算：

V_W（实际量）＝｛（2.3＋2×0.3）×0.2＋［2.3＋2×0.3＋0.33×（3－0.6）］×（3－0.6）｝×80

＝（0.58＋8.86）×80＝755.20（m^3）

余土运输工程量计算如下：

V_y（实际量）＝V_W－V_T＝755.20－553.12＝202.08（m^3）

2）每 $1m^3$ 人工挖基础土方清单工程量所含施工工程量：

人工挖基础土方：755.20/478.40＝ 1.579（m^3）。

机械土方运输：202.08/478.40 ＝0.422（m^3）。

人工挖基础土方综合单价分析见表 3-4-4。

表 3-4-4　人工挖基础土方综合单价分析表

项目编码	010101003001	项目名称	人工挖基础土方	计量单位	m^3	工程量	478.40

清单综合单价组成明细											
定额编号	定额名称	定额单位	数量	单价/元				合价/元			
				人工费	材料费	机械费	管理费和利润	人工费	材料费	机械费	管理费和利润
1—9	基础挖土	m^3	1.579	33.05			5.63	52.19	0	0	8.89
1—54	土方运输	m^3	0.422	5.00		5.75	1.83	2.11	0	2.43	0.77
人工单价		小计						54.30	0	2.43	9.66
50 元/工日		未计价材料/元									
清单项目综合单价/（元/m^3）								66.39			

材料费明细	主要材料名称、规格、型号	单位	数量	单价/元	合价/元	暂估单价/元	暂估合价/元
	其他材料费/元						
	材料费小计/元						

分部分项工程和单价措施项目清单综合单价汇总见表3-4-5。

表3-4-5 分部分项工程和单价措施项目清单综合单价汇总表 单位：元/m³

序号	项目编码	项目名称	工作内容	综合单价组成				综合单价
				人工费	材料费	机械费	管理费和利润	
1	010101003001	挖基础土方	4m以内三类土、含运输	54.30		2.43	9.67	66.40

（4）编制分部分项工程和单价措施项目清单与计价表，见表3-4-6。

表3-4-6 分部分项工程和单价措施项目清单与计价表

序号	项目编码	项目名称	项目特征描述	计量单位	工程量	金额/元		
						综合单价	合价	其中：暂估价
1	010101003001	挖基础土方	3类4m以内（含运土200m）	m³	478.40	66.40	31765.76	
		分部小计						
合计								

注：除综合单价和合价为投标人负责外，其余均为招标人负责。

（二）总价措施项目清单的编制与计价

措施项目清单计价应包括除规费、税金外的全部费用。

措施项目清单中的安全文明施工费应按照国家或省级、行业建设主管部门的规定计价，不得作为竞争性费用。总价措施项目清单与计价见表3-4-7。

表3-4-7 总价措施项目清单与计价表

工程名称：××中学教师住宅工程　　标段：　　第×页　共×页

序号	项目编码	项目名称	计算基础	费率/%	金额/元	调整费率/%	调整后金额/元	备注
1	011707001001	安全文明施工费	定额人工费	25	209650			
2	011707001001	夜间施工增加费	定额人工费	1.5	12479			
3	011707004001	二次搬运费	定额人工费	1	8386			
4	011707005001	冬雨季施工增加费	定额人工费	0.6	5032			
5	011707007001	已完工程及设备保护费			6000			
合计					241547			

(三) 其他项目清单编制与计价

其他项目清单与计价汇总见表3-4-8。

表3-4-8 其他项目清单与计价汇总表

工程名称：××中学教师住宅工程　　　标段：　　　第×页　　共×页

序号	项目名称	金额/元	结算金额/元	备注
1	暂列金额	300000		
2	暂估价	100000		
2.1	材料（工程设备）暂估价/结算价	—		
2.2	专业工程暂估价/结算价	100000		
3	计日工	20210		
4	总承包服务费	15000		
合计				—

(四) 规费、税金项目清单的编制与计价

规费和税金应按国家或省级、行业建设主管部门的规定计算，不得作为竞争性费用，计价表见表3-4-9。

表3-4-9 规费、税金项目计价表

工程名称：××中学教师住宅工程　　　标段：　　　第×页　　共×页

序号	项目名称	计算基础	计算基数	计算费率/%	金额/元
1	规费	定额人工费			
1.1	社会保险费	定额人工费			
(1)	养老保险费	定额人工费			
(2)	失业保险费	定额人工费			
(3)	医疗保险费	定额人工费			
(4)	工伤保险费	定额人工费			
(5)	生育保险费	定额人工费			
1.2	住房公积金	定额人工费			
2	税金	分部分项工程费＋措施项目费＋其他项目费＋规费－按规定不计税的工程设备金额			
合计					

(五) 清单计价汇总表

单位工程投标报价汇总见表3-4-10。

表3-4-10 单位工程投标报价汇总表

工程名称：××中学教师住宅工程　　　标段：　　　第×页　　共×页

序号	汇总内容	金额/元	其中：暂估价/元
1	分部分项工程		
1.1			
2	措施项目		
2.1	其中：安全文明施工费		

续表

序号	汇总内容	金额/元	其中：暂估价/元
3	其他项目		
3.1	其中：暂列金额		
3.2	其中：专业工程暂估价		
3.3	其中：计日工		
3.4	其中：总承包服务费		
4	规费		
5	税金		
招标控制价合计＝（1）＋（2）＋（3）＋（4）＋（5）			

➤ **考分统计**：知识点7是考试重点内容，也是复习的难点内容，尤其是综合单价的计算部分，从出题情况分析，此部分是属于必出题的内容，占分值较大，约15～20分左右，考生应做重点掌握，可以结合清单计价规范学习。

典型例题

1. **【2018真题】**土建工程

某城市生活垃圾焚烧发电厂钢筋混凝土多管式（钢管内）80m高烟囱基础，见图3-D-1“钢内筒烟囱基础平面布置图”、图3-D-2“旋挖钻孔灌注桩基础图”。已建成类似工程钢筋用量参考指标见表3-D-1“单位钢筋混凝土钢筋参考用量表”。

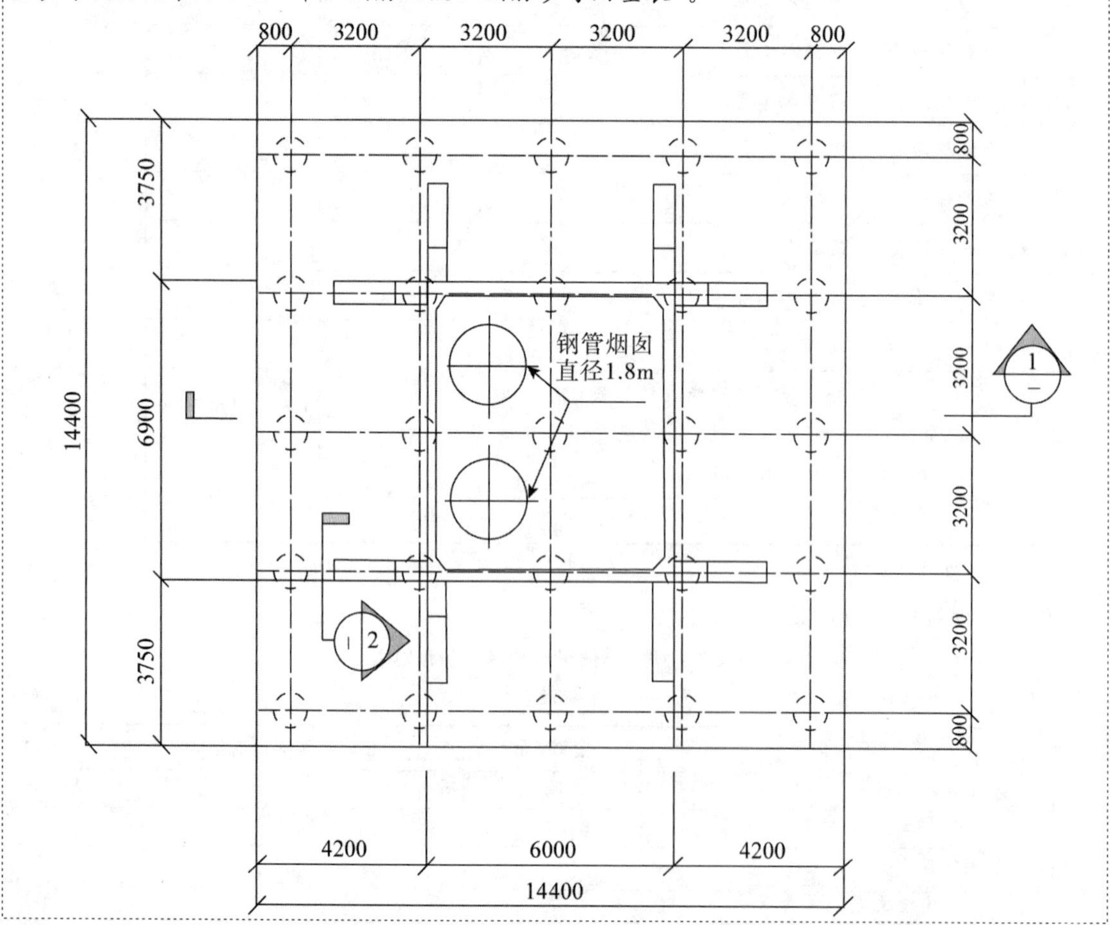

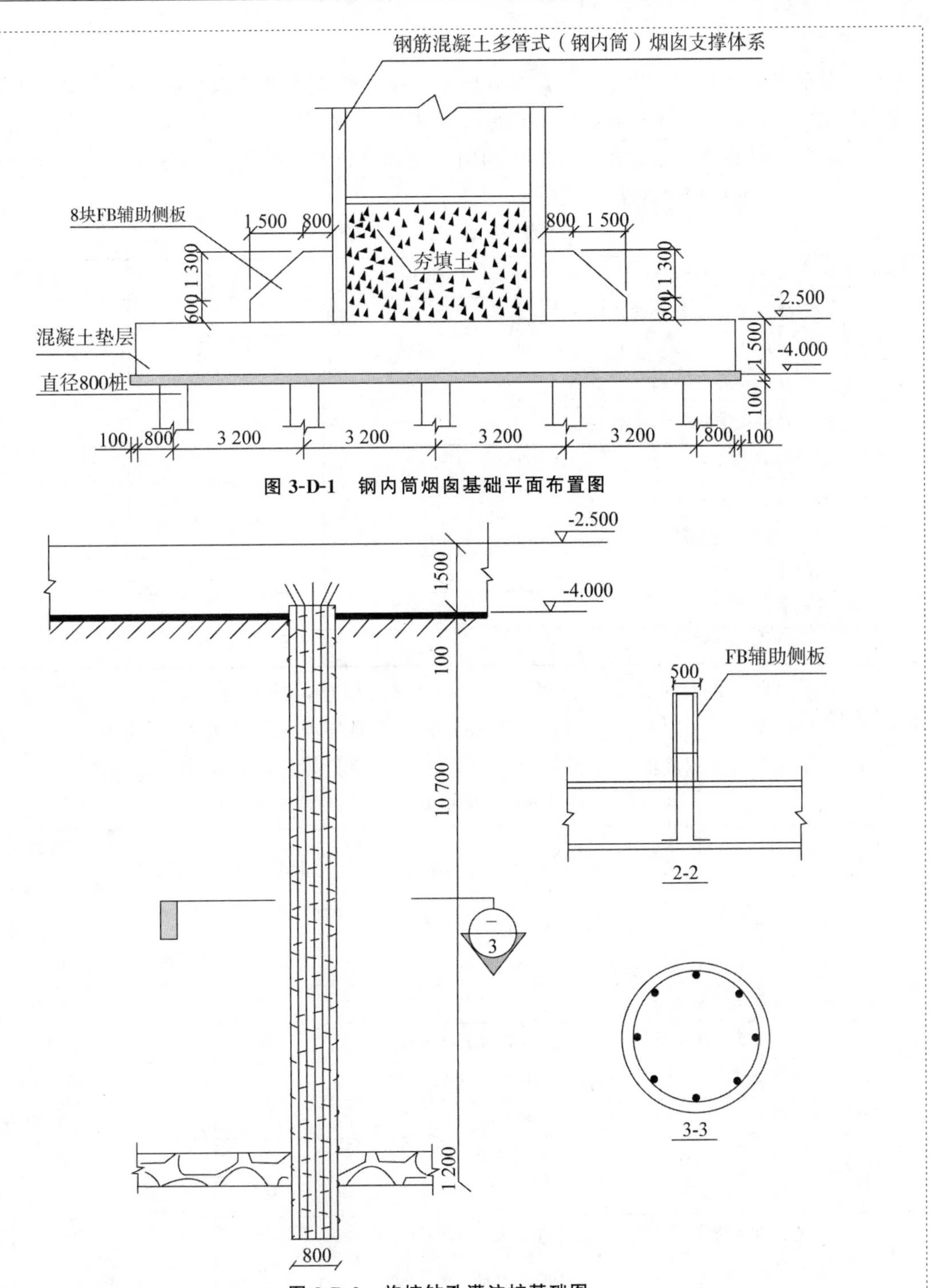

图 3-D-1　钢内筒烟囱基础平面布置图

图 3-D-2　旋挖钻孔灌注桩基础图

表 3-D-1　单位钢筋混凝土钢筋参考用量表

序号	钢筋混凝土项目名称	参考钢筋含量/（kg/m³）	备注
1	钻孔灌注桩	49.28	
2	筏板基础	63.50	
3	FB 辅助侧板	82.66	

【问题】

1. 根据该多管式（钢管内）烟囱基础施工图纸、技术参数及参考资料，及表 3-D-2 给定的信息，按《房屋建筑与装饰工程工程量计算规范》（GB 50584—2013）的计算规则，在表 3-D-2“工程量计算表”中，列式计算该烟囱基础分部分项工程量。（筏板上 8 块 FB 辅助侧板的斜面在混凝土浇捣时必须安装模板）

表 3-D-2 工程量计算表

序号	项目名称	单位	计算过程	工程量
1	C30 混凝土旋挖钻孔灌注桩	m^3		
2	C15 混凝土筏板基础垫层	m^3		
3	C30 混凝土筏板基础	m^3		
4	C30 混凝土 FB 辅助侧板	m^3		
5	灌注桩钢筋笼	t		
6	筏板基础钢筋	t		
7	FB 辅助侧板钢筋	t		
8	混凝土垫层模板	m^2		
9	筏板基础模板	m^2		
10	FB 辅助侧板模板	m^2		

2. 根据问题 1 的计算结果，及表 3-D-3 中给定的信息，按照《建设工程工程量清单计价规范》（GB 50584—2013）的要求，在表 3-D-3“分部分项工程和单价措施项目清单与计价表”中，编制该烟囱钢筋混凝土基础分部分项工程和单价措施项目清单与计价表。

表 3-D-3 分部分项工程和单价措施项目清单与计价表

序号	项目名称	项目特征	计量单位	工程量	金额/元	
					综合单价	合价
1	C30 混凝土旋挖钻孔灌注桩	C30，成孔、混凝土浇筑	m^3		1120.00	
2	C15 混凝土筏板基础垫层	C15，混凝土浇筑	m^3		490.00	
3	C30 混凝土筏板基础	C30，混凝土浇筑	m^3		680.00	
4	C30 混凝土 FB 辅助侧板	C30，混凝土浇筑	m^3		695.00	
5	灌注桩钢筋笼	HRB400	t		5800.00	
6	筏板基础钢筋	HRB400	t		5750.00	
7	FB 辅助侧板钢筋	HRB400	t		5750.00	
	小计		元			
8	混凝土垫层模板	垫层模板	m^2		28.00	
9	筏板基础模板	筏板模板	m^2		49.00	
10	FB 辅助侧板模板	FB 辅助侧板模板	m^2		44.00	
11	基础满堂脚手架	钢管	t	256.00	73.00	
12	大型机械进出场及安拆	—	台次	1.00	28000.00	
	小计		元			
	分部分项工程及单价措施项目合计		元			

3. 假定该整体烟囱分部分项工程费为 2000000.00 元；单价措施项目费 150000.00 元，总价措施项目仅考虑安全文明施工费，安全文明施工费按分部分项工程费的 3.5%计取；其他项目考虑基础基坑开挖的土方、护坡、降水专业工程暂估价为 110000.00 元（另计 5%总承包服务费）；人工费占比分别为分部分项工程费的 8%、措施项目费的 15%；规费按照人工费的 21%计取，增值税税率按 10%计取。按《建设工程工程量清单计价规范》（GB 50584—2013）的要求，列式计算安全文明施工费、措施项目费、人工费、总承包服务费、规费、增值税；并在表 3-D-4“单位工程最高投标限价汇总表”中编制该钢筋混凝土多管式（钢内筒）烟囱单位工程最高投标限价。

（1）安全文明施工费。

（2）措施项目费。

（3）人工费。

（4）总承包服务费。

（5）规费。

（6）增值税。

表 3-D-4　单位工程最高投标限价汇总表

序号	汇总内容	金额/元	其中暂估价/元
1	分部分项工程		
2	措施项目		
2.1	其中：安全文明施工费		
3	其他项目费		
3.1	其中：专业工程暂估价		
3.2	其中：总承包服务费		
4	规费（人工费 21%）		
5	增值税 10%		
最高总价合计＝（1）＋（2）＋（3）＋（4）＋（5）			

（上述问题中提及的各项费用均不包含增值税可抵扣进项税额。所有计算结果均保留两位小数）

【参考答案】

问题 1：

该烟囱基础分部分项工程结果见表 3-D-5。

表 3-D-5　工程量计算表

序号	项目名称	单位	计算过程	工程量
1	C30 混凝土旋挖钻孔灌注桩	m^3	3.14×（0.8/2）^{2}×12×25＝150.72	150.72
2	C15 混凝土筏板基础垫层	m^3	（14.4＋0.1×2）×（14.4＋0.1×2）×0.1＝21.32	21.32
3	C30 混凝土筏板基础	m^3	14.4×14.4×1.5＝311.04	311.04
4	C30 混凝土 FB 辅助侧板	m^3	［（0.6＋0.6＋1.3）×1.5/2＋（0.6＋1.3）×0.8］×0.5×8＝13.58	13.58
5	灌注桩钢筋笼	t	150.72×49.28/1000＝7.43	7.43

续表

序号	项目名称	单位	计算过程	工程量
6	筏板基础钢筋	t	311.04×63.50/1000=19.75	19.75
7	FB辅助侧板钢筋	t	13.58×82.66/1000=1.12	1.12
8	混凝土垫层模板	m^2	(14.4+0.1×2)×4×0.1=5.84	5.84
9	筏板基础模板	m^2	14.4×4×1.5=86.40	86.40
10	FB辅助侧板模板	m^2	{[(0.6+0.6+1.3)×1.5/2+(0.6+1.3)×0.8]×2+0.5×0.6+$(1.3^2+1.5^2)^{0.5}$×0.5}×8=64.66	64.66

【点拨】本题考查知识点1：土工建筑工程工程量计算——土木建筑工程桩、基础垫层、钢筋（含量）及模板工程量计算。

问题2：

分部分项工程和单价措施项目清单与计价表结果见表3-D-6。

表3-D-6　分部分项工程和单价措施项目清单与计价表结果

序号	项目名称	项目特征	计量单位	工程量	金额/元	
					综合单价	合价
1	C30混凝土旋挖钻孔灌注桩	C30，成孔、混凝土浇筑	m^3	150.72	1120.00	168806.40
2	C15混凝土筏板基础垫层	C15，混凝土浇筑	m^3	21.32	490.00	10446.80
3	C30混凝土筏板基础	C30，混凝土浇筑	m^3	311.04	680.00	211507.20
4	C30混凝土FB辅助侧板	C30，混凝土浇筑	m^3	13.58	695.00	9438.10
5	灌注桩钢筋笼	HRB400	t	7.43	5800.00	43094.00
6	筏板基础钢筋	HRB400	t	19.75	5750.00	113562.50
7	FB辅助侧板钢筋	HRB400	t	1.12	5750.00	6440.00
	小计		元			563295.00
8	混凝土垫层模板	垫层模板	m^2	5.84	28.00	163.52
9	筏板基础模板	筏板模板	m^2	86.40	19.00	4233.60
10	FB辅助侧板模板	FB辅助侧板模板	m^2	64.66	44.00	2845.04
11	基础满堂脚手架	钢管	t	256.00	73.00	18688.00
12	大型机械进出场及安拆	—	台次	1.00	28000.00	28000.00
	小计		元			53930.16
	分部分项工程及单价措施项目合计		元			617225.16

【点拨】本题考查知识点7：清单计价及组价程序——编制分部分项工程及单价措施项目清单与计价表。

问题3：

(1) 安全文明施工费：2000000.00×3.5%=70000.00（元）。

(2) 措施项目费：150000.00+70000.00=220000.00（元）。

(3) 人工费：2000000.00×8%+220000.00×15%=193000.00（元）。

(4) 总承包服务费：110000.00×5%=5500.00（元）。

(5) 规费：193000.00×21%=40530.00（元）。

（6）增值税：（2000000.00＋220000.00＋110000.00＋5500.00＋40530.00）×10%＝237603.00（元）。

该钢筋混凝土多管式（钢内筒）烟囱单位工程最高限价结果见表3-D-7。

表3-D-7　单位工程最高投标限价最总表

序号	汇总内容	金额/元	其中暂估价/元
1	分部分项工程	2000000.00	
2	措施项目	220000.00	
2.1	其中：安全文明施工费	70000.00	
3	其他项目费	115500.00	110000.00
3.1	其中：专业工程暂估价	110000.00	110000.00
3.2	其中：总承包服务费	5500.00	
4	规费（人工费21%）	40530.00	
5	增值税（10%）	237603.00	
最高投标限价总价合计＝（1）＋（2）＋（3）＋（4）＋（5）		2613633.00	

【点拨】本题考查知识点7：清单计价及组价程序——最高投标限价计算及汇总。

2.**【2018真题】**管道和设备工程

工程有关背景资料如下：

（1）某工厂办公楼内卫生间的给水施工图如图3-D-3和3-D-4所示。

（2）假设按规定计算的该卫生间给水管道和阀门部分的清单工程量如下：

PP-R塑料管：*DN*50，直埋3.0m；*DN*40，直埋5.0m，明设1.5m；*DN*32，明设25m；*DN*25，明设16m。阀门Q11F-16C：*DN*40：2个；*DN*25：2个。

其他安装技术要求和条件与图3-D-3和3-D-4所示一致。

（3）给排水工程相关分部分项工程量清单项目的统一编码见表3-D-8。

表3-D-8　相关分部分项工程量清单项目的统一编码表

项目编码	项目名称	项目编码	项目名称
031001001	镀锌钢管	031004014	给水附件
031001006	塑料管	031001007	复合管
031003001	螺纹阀门	031003003	焊接法兰阀门
031004003	洗脸盆	031004006	大便器
031004007	小便器	031002003	套管

（4）该工程的定额相关数据资料见表3-D-9。

表3-D-9　塑料给水管安装定额的相关数据资料表

定额编号	项目名称	单位	安装基价/元			未计价主材	
			人工费	材料费	机械费	单价	耗量
10-1-257	室外塑料管热熔安装*DN*32	10m	55.00	32.00	15.00		
	PP-R塑料管*DN*32	m				10.00	10.2
	管件（综合）	个				4.00	2.83
10-1-325	室内塑料管热熔安装*DN*32	10m	120.00	45.00	26.00		
	PP-R塑料管*DN*32	m				10.00	10.16
	管件（综合）	个				4.00	10.81
10-11-121	管道水压试验	100m	266.00	80.00	55.00		

注：(1) 表内费用均不包含增值税可抵扣进项税额。

(2) 该工程的人工费单价（包括普工、一般技工和高级技工）综合为100元/工日，管理费和利润分别按人工费的60%和30%计算。

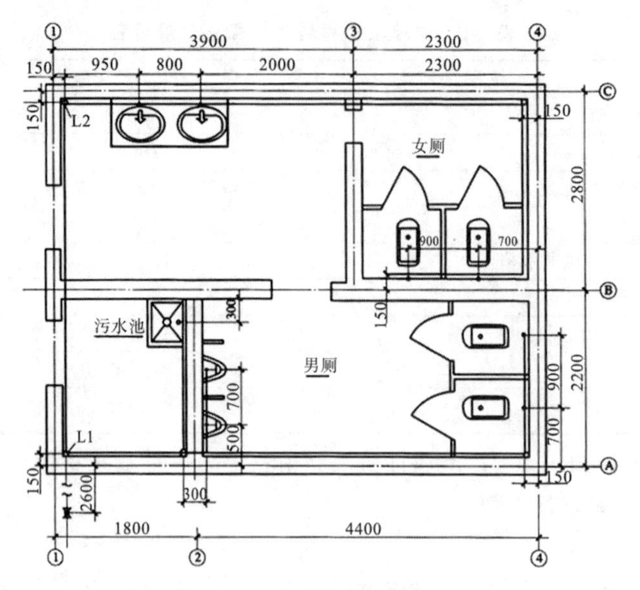

图 3-D-3　卫生间给水平面图

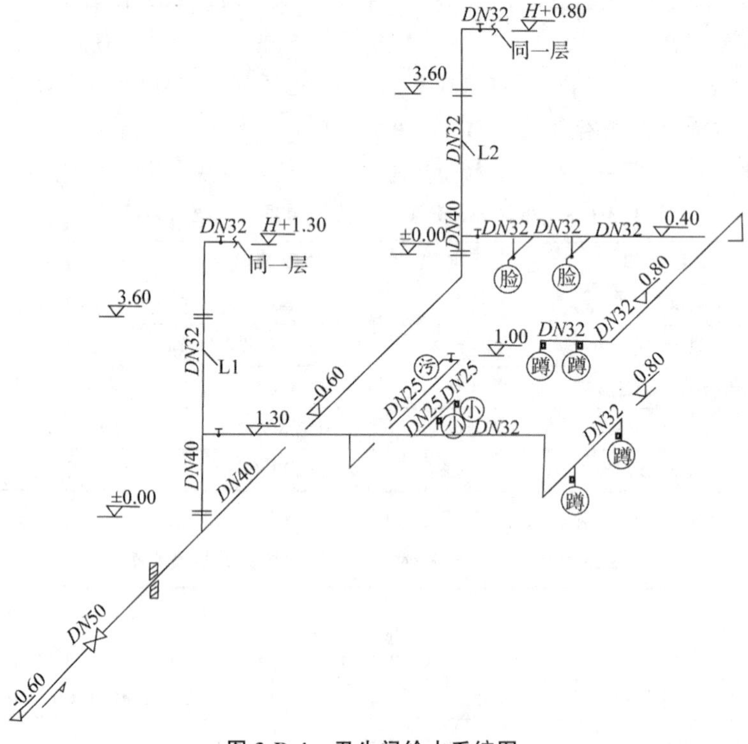

图 3-D-4　卫生间给水系统图

说明：

(1) 办公楼共两层，层高3.6m，墙厚为200mm。图中尺寸标注标高以m计，其他均以mm计。

(2) 管道采用PP-R塑料管及成品管件，热熔连接，成品管卡。

(3) 阀门采用螺纹球阀Q11F-16C，污水池上装铜质水嘴。

（4）成套卫生器具安装按标准图集 99S304 要求施工，所有附件均随卫生器具配套供应。洗脸盆为单柄单孔台上式安装；大便器为感应式冲洗阀蹲式大便器，小便器为感应式冲洗阀壁挂式安装，污水池为成品落地安装。

（5）管道系统安装就位后，给水管道进行水压试验。

【问题】

1. 按照图 3-D-3 和 3-D-4 所示内容，按直埋、明设（指敷设于室内地坪下的管段）分别列式计算给水管道和阀门安装项目分部分项清单工程量。计算要求：管道工程量计算至支管与卫生器具相连的分支三通或末端弯头处止。

2. 根据背景资料（2）、（3）和图 3-D-3 和 3-D-4 所示内容，根据《通用安装工程工程量计算规范》（GB 50586—2013）的规定，分别编制管道、阀门、卫生器具（污水池除外）安装项目的分部分项工程量清单，并填入表 3-D-10“分部分项工程和单价措施项目清单与计价表”中。

表 3-D-10 分部分项工程和单价措施项目清单与计价表

工程名称：××× 标段：××× 第 1 页 共 1 页

<table>
<tr><th rowspan="2">序号</th><th rowspan="2">项目编码</th><th rowspan="2">项目名称</th><th rowspan="2">项目特征描述</th><th rowspan="2">计量单位</th><th rowspan="2">工程量</th><th colspan="3">金额/元</th></tr>
<tr><th>综合单价</th><th>合价</th><th>其中：暂估价</th></tr>
<tr><td></td><td></td><td></td><td></td><td></td><td></td><td></td><td></td><td></td></tr>
<tr><td></td><td></td><td></td><td></td><td></td><td></td><td></td><td></td><td></td></tr>
<tr><td></td><td></td><td></td><td></td><td></td><td></td><td></td><td></td><td></td></tr>
<tr><td colspan="6">本页小计</td><td></td><td></td><td></td></tr>
<tr><td colspan="6">合计</td><td></td><td></td><td></td></tr>
</table>

3. 按照背景资料（2）、（3）、（4）中的相关数据和图 3-D-3 和 3-D-4 中所示要求，根据《通用安装工程工程量计算规范》（GB 50856—2013）、《建设工程工程量清单计价规范》（GB 50500—2013）和《通用安装工程消耗量定额》（TY 02-31—2015）的规定，编制室内 *DN*32 PP-R 塑料给水管道分部分项工程量清单的综合单价，并填入表 3-D-11“综合单价分析表”中。

（计算结果保留两位小数）

表 3-D-11 综合单价分析表

工程名称：××× 标段：××× 第 1 页 共 1 页

<table>
<tr><td>项目编码</td><td></td><td colspan="2">项目名称</td><td colspan="3"></td><td>计量单位</td><td></td><td colspan="2">工程量</td><td></td></tr>
<tr><td colspan="12">清单综合单价组成明细</td></tr>
<tr><td rowspan="2">定额编号</td><td rowspan="2">定额名称</td><td rowspan="2">定额单位</td><td rowspan="2">数量</td><td colspan="4">单价/元</td><td colspan="4">合价/元</td></tr>
<tr><td>人工费</td><td>材料费</td><td>机械费</td><td>管理费和利润</td><td>人工费</td><td>材料费</td><td>机械费</td><td>管理费和利润</td></tr>
<tr><td></td><td></td><td></td><td></td><td></td><td></td><td></td><td></td><td></td><td></td><td></td><td></td></tr>
<tr><td></td><td></td><td></td><td></td><td></td><td></td><td></td><td></td><td></td><td></td><td></td><td></td></tr>
<tr><td colspan="12">清单综合单价组成明细</td></tr>
<tr><td colspan="2">人工单价</td><td colspan="6">小计</td><td></td><td></td><td></td><td></td></tr>
<tr><td colspan="2">元/工日</td><td colspan="6">未计价材料费</td><td colspan="4"></td></tr>
<tr><td colspan="8">清单项目综合单价</td><td colspan="4"></td></tr>
<tr><td rowspan="6">材料费明细</td><td colspan="3">主要材料名称、规格、型号</td><td colspan="2">单位</td><td colspan="2">数量</td><td>单价/元</td><td>合价/元</td><td>暂估单价/元</td><td>暂估合价/元</td></tr>
<tr><td colspan="3"></td><td colspan="2"></td><td colspan="2"></td><td></td><td></td><td></td><td></td></tr>
<tr><td colspan="3"></td><td colspan="2"></td><td colspan="2"></td><td></td><td></td><td></td><td></td></tr>
<tr><td colspan="3"></td><td colspan="2"></td><td colspan="2"></td><td></td><td></td><td></td><td></td></tr>
<tr><td colspan="7">其他材料费</td><td></td><td></td><td></td><td></td></tr>
<tr><td colspan="7">材料费小计</td><td></td><td></td><td></td><td></td></tr>
</table>

【参考答案】

问题 1：

计算卫生间给水管道和阀门安装项目分部分项清单工程量：

（1）*DN*50 PP-R 塑料管直埋：2.6+0.15=2.75（m）；

（2）*DN*40 PP-R 塑料管直埋：2.2+2.8−0.15−0.15+0.6+0.6=5.9（m）；

（3）*DN*40 PP-R 塑料管明设：1.3+0.4=1.7（m）；

（4）*DN*32 PP-R 塑料管明设：3.6+[3.6+（0.8−0.4）]+[1.8+4.4−0.15−0.15+（1.3−0.8）+0.7+0.9−0.15]×2+[3.9+2.3−0.15−0.15+（0.8−0.4）+2.8−0.15−0.15+0.7−0.9−0.15]×2=43.8（m）；

（5）*DN*25 PP-R 塑料管明设：[（1.3−1）+2.2−0.15−0.1−0.3]×2+（0.5+0.7−0.15）×2=6（m）；

（6）*DN*40 球阀 Q11F-16C：1 个；

（7）*DN*25 球阀 Q11F-16C：1×2+1×2=4（个）。

【点拨】本题考查知识点 2：安装工程工程量计算——管道及阀门清单工程量计算。

问题 2：

分部分项工程和单价措施项目清单与计价内容见表 3-D-12。

表 3-D-12　分部分项工程和单价措施项目清单与计价表

工程名称：某厂区　　　　标段：办公楼卫生间给排水工程安装　　　　第 1 页　共 1 页

序号	项目编码	项目名称	项目特征描述	计量单位	工程量	金额/元		
						综合单价	合价	其中：暂估价
1	031001006001	塑料管	*DN*50 室内 PP-R 塑料给水管、热熔连接、水压试验	m	3			
2	031001006002	塑料管	*DN*40 室内 PP-R 塑料给水管、热熔连接、水压试验	m	6.5			
3	031001006003	塑料管	*DN*32 室内 PP-R 塑料给水管、热熔连接、水压试验	m	25			
4	031001006004	塑料管	*DN*25 室内 PP-R 塑料给水管、热熔连接、水压试验	m	16			
5	031003001001	螺纹阀门	*DN*40 球阀 Q11F-16C、螺纹连接	个	2			
6	031003001002	螺纹阀门	*DN*25 球阀 Q11F-16C、螺纹连接	个	2			
7	031004003001	洗脸盆	单柄单孔台上式安装	组	4			
8	031004006001	大便器	感应式冲洗阀蹲式	组	8			
9	031004007001	小便器	感应式冲洗阀壁挂式	组	4			
本页小计								
合计								

【点拨】本题考查知识点 7：清单计价及组价程序——编写分部分项工程及单价措施项目清单与计价表。

问题3：

综合单价分析内容见表3-D-13。

表3-D-13 综合单价分析表

工程名称：某厂区　　　　标段：办公楼卫生间给水管道安装　　第1页　共1页

项目编码	031001006003	项目名称	*DN*32 PP-R塑料给水管	计量单位	m	工程量	25

清单综合单价组成明细

定额编号	定额名称	定额单位	数量	单价/元				合价/元			
				人工费	材料费	机械费	管理费和利润	人工费	材料费	机械费	管理费和利润
10-1-325	室内塑料管热熔安装*DN*32	10m	0.1	120.00	45.00	26.00	108.00	12.00	4.50	2.60	10.80

清单综合单价组成明细

人工单价	小计	12.00	4.50	2.60	10.80
100元/工日	未计价材料费	14.48			
清单项目综合单价		44.38			

材料费明细	主要材料名称、规格、型号	单位	数量	单价/元	合价/元	暂估单价/元	暂估合价/元
	*DN*32 PP-R塑料管	m	1.016	10.00	10.16		
	管件（综合）	个	1.081	4.00	4.324		
	其他材料费				4.50		
	材料费小计				18.98		

【点拨】本题考查知识点4：**编制综合单价分析表——编制综合单价分析表。**

3.**【2017真题】**电气和自动化控制工程

工程背景资料如下：

(1) 图3-D-5为某配电房电气平面图，图3-D-6为配电箱系统图，表3-D-15为设备材料表。该建筑物为单层平屋面砖、混凝土结构，建筑物室内净高为4.00m。

图中括号内数字表示线路水平长度，配管进入地面或顶板内深度均按0.05m，穿管规格：BV2.5导线穿3～5根均采用刚性阻燃管PC20，其余按系统图。

(2) 该工程的相关定额、主材单价及损耗率见表3-D-14。

表 3-D-14 工程相关定额、主材单价及损耗率

定额编号	项目名称	定额单位	安装基价/元			主材	
			人工费	材料费	机械费	单价	损耗率/%
4-2-76	成套插座箱安装嵌入式 半周长≤1.0m	台	102.30	34.40	0	500.00 元/台	
4-2-77	成套配电箱安装嵌入式 半周长≤1.5m	台	131.50	37.90	0	4000.00 元/台	
4-1-14	无端子外部接线 导线截面≤2.5mm²	个	1.20	1.44	0		
4-4-26	压铜接线端子 导线截面≤16mm²	个	2.50	3.87	0		
4-12-133	砖、混凝土结构暗配 刚性阻燃管 PC20	10m	54.00	5.20	0	2.00 元/m	6
4-12-137	砖、混凝土结构暗配 刚性阻燃管 PC40	10m	66.60	14.30	0	5.00 元/m	6
4-13-5	管内穿照明线 铜芯导线截面≤2.5mm²	10m	8.10	1.50	0	1.80 元/m	16
4-13-28	管内穿动力线 铜芯导线截面≤16mm²	10m	8.10	1.80	0	11.50 元/m	5
4-14-2	吸顶灯具安装 灯罩周长≤1100mm	套	13.80	1.90	0	100.00 元/套	1
4-14-20	荧光灯具安装 吸顶式单管	套	13.90	1.50	0	120.00 元/套	1
4-14-205	荧光灯具安装 吸顶式双管	套	17.50	1.50	0	180.00 元/套	1
4-14-380	四联单控暗开关安装	个	7.00	0.80	0	15.00 元/个	2

注： 表内费用均不包含增值税可抵扣进项税额。

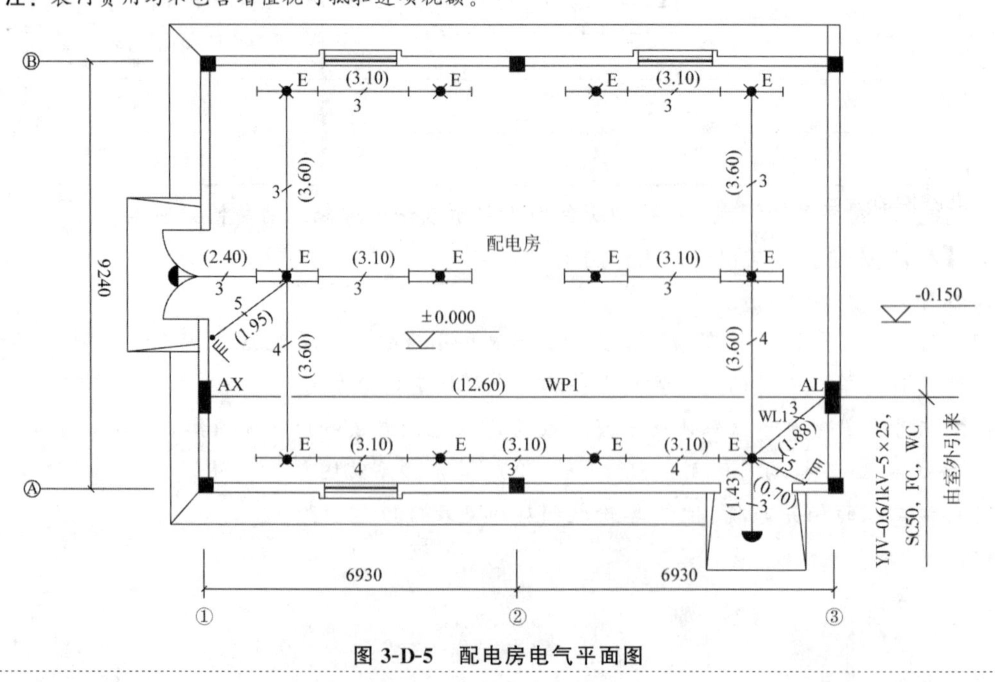

图 3-D-5 配电房电气平面图

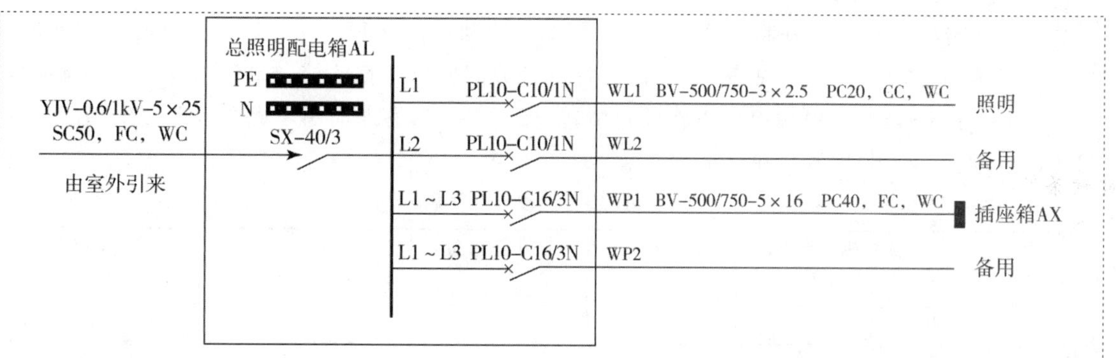

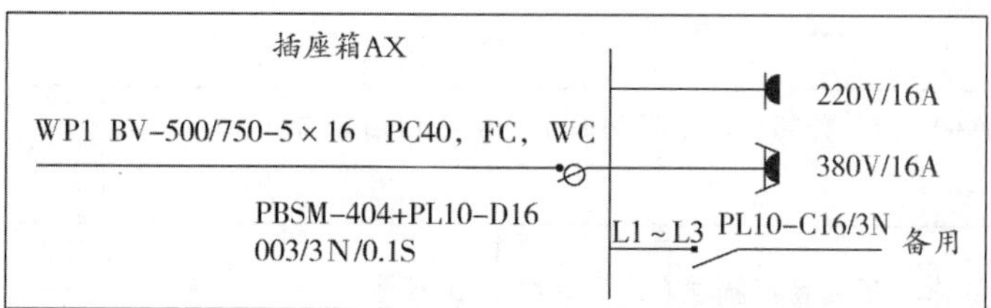

图 3-D-6　配电箱系统图

表 3-D-15　设备材料表

序号	图例	材料/设备名称	型号规格	单位	备注
1		总照明配电箱 AL	非标定制：600（宽）×800（高）×200（深）	台	嵌入式，安装高度底边离地 1.5m
2		插座箱 AX	P230，300（宽）×300（高）×120（深）	台	嵌入式，安装高度底边离地 0.5m
3		吸顶灯 HYG7001	1×12W，D350	套	吸顶安装
4	E	双管荧光灯自带蓄电池	HYG218-2C，2×28W	套	应急时间不小于 120min，吸顶安装
5	E	单管荧光灯自带蓄电池	HYG118-2C，1×28W	套	应急时间不小于 12min，吸顶安装
6		四联单控暗开关	AP86K41-10，250V/10A	个	安装高度离地 1.3m

（3）该工程的人工费单价（综合普工、一般技工和高级技工）为 100 元/工日，管理费和利润分别按人工费的 40%和 20%计算。

（4）相关分部分项工程量清单项目编码及项目名称见表 3-D-16。

表 3-D-16　相关分部分项工程量清单项目编码及项目名称

项目编码	项目名称	项目编码	项目名称
030404017	配电箱	030411001	配管
030404018	插座箱	030411004	配线
030404034	照明开关	030412005	荧光灯
030404031	小电器	030412001	普通灯具

【问题】

1. 按照背景资料（1）～（4）和图 3-D-5 及 3-D-6 所示内容，根据《建设工程工程量清单计价规范》（GB 50500—2013）和《通用安装工程工程量计算规范》（GB 50856—2013）的规定，

计算各分部分项工程量，并将配管（PC20、PC40）和配线（BV2.5、BV16）的工程量计算式与结果填写在指定位置（见表 3-D-17）；计算各分部分项工程的综合单价与合价，编制完成表 3-D-18“分部分项工程和单价措施项目清单与计价表”（答题时不考虑总照明配电箱的进线管道和电缆，不考虑开关盒和灯头盒）。

表 3-D-17　工程量计算表

序号	项目编码	项目名称	计量单位	计算式	工程量

表 3-D-18　分部分项工程和单价措施项目清单与计价表

工程名称：配电房电气工程

<table>
<tr><td rowspan="2">序号</td><td rowspan="2">项目编码</td><td rowspan="2">项目名称</td><td rowspan="2">项目特征描述</td><td rowspan="2">计量单位</td><td rowspan="2">工程量</td><td colspan="3">金额/元</td></tr>
<tr><td>综合单价</td><td>合价</td><td>其中：暂估价</td></tr>
<tr><td></td><td></td><td></td><td></td><td></td><td></td><td></td><td></td><td></td></tr>
<tr><td></td><td></td><td></td><td></td><td></td><td></td><td></td><td></td><td></td></tr>
<tr><td></td><td></td><td></td><td></td><td></td><td></td><td></td><td></td><td></td></tr>
</table>

2. 设定该工程“总照明配电箱 AL”的清单工程量为 1 台，其余条件均不变，根据背景资料（2）中的相关数据，编制完成表 3-D-19“综合单价分析表”。

（计算结果保留两位小数）

表 3-D-19　综合单价分析表

工程名称：配电房电气工程

<table>
<tr><td>项目编码</td><td></td><td colspan="2">项目名称</td><td colspan="3"></td><td>计量单位</td><td></td><td colspan="2">工程量</td><td></td></tr>
<tr><td colspan="12">清单综合单价组成明细</td></tr>
<tr><td rowspan="2">定额编号</td><td rowspan="2">定额名称</td><td rowspan="2">定额单位</td><td rowspan="2">数量</td><td colspan="4">单价/元</td><td colspan="4">合价/元</td></tr>
<tr><td>人工费</td><td>材料费</td><td>机械费</td><td>企业管理费和利润</td><td>人工费</td><td>材料费</td><td>机械费</td><td>企业管理费和利润</td></tr>
<tr><td></td><td></td><td></td><td></td><td></td><td></td><td></td><td></td><td></td><td></td><td></td><td></td></tr>
<tr><td></td><td></td><td></td><td></td><td></td><td></td><td></td><td></td><td></td><td></td><td></td><td></td></tr>
<tr><td colspan="2">人工单价</td><td colspan="6">小计</td><td></td><td></td><td></td><td></td></tr>
<tr><td colspan="2">元/工日</td><td colspan="6">未计价材料</td><td colspan="4"></td></tr>
<tr><td colspan="8">清单项目综合单价</td><td colspan="4"></td></tr>
<tr><td rowspan="5">材料费明细</td><td colspan="3">主要材料名称、规格、型号</td><td colspan="2">单位</td><td colspan="2">数量</td><td>单价/元</td><td>合价/元</td><td>暂估单价/元</td><td>暂估合价/元</td></tr>
<tr><td colspan="3"></td><td colspan="2"></td><td colspan="2"></td><td></td><td></td><td></td><td></td></tr>
<tr><td colspan="3"></td><td colspan="2"></td><td colspan="2"></td><td></td><td></td><td></td><td></td></tr>
<tr><td colspan="7">其他材料费</td><td></td><td></td><td></td><td></td></tr>
<tr><td colspan="7">材料费小计</td><td></td><td></td><td></td><td></td></tr>
</table>

【参考答案】

问题1：

（1）工程量计算见表3-D-20。

表3-D-20　工程量计算表

序号	项目编码	项目名称	计量单位	计算式	工程量
1	030404017001	配电箱AL	台	1	1
2	030404018001	插座箱AX	台	1	1
3	030411001001	WL1刚性阻燃管沿砖、混凝土结构暗配PC20	m	水平：1.88+0.7+1.43+3.1×7+4×3.6+1.95+2.4=44.46 垂直：4－1.5－0.8+0.05+(4－1.3+0.05)×2=7.25 合计：44.46+7.25=51.71	51.71
4	030411001002	WP1刚性阻燃管沿砖、混凝土结构暗配PC40	m	12.6+1.5+0.5+0.05×2=14.70	14.70
5	03041104001	WL1管内穿铜线BV2.5mm²	m	(1.88+0.6+0.8+4－1.5－0.8+1.43+3.6+2.4+3.1×5+3.6+0.05)×3+(3.6×2+3.1×2)×4+(0.7+4－1.3+0.05+1.95+4－1.3+0.05)×5=189.03	189.03
6	030411004002	WP1管内穿铜线BV16mm²	m	(14.7+0.6+0.8+0.3+0.3)×5=83.50	83.50
7	030404034001	四联单控暗开关	个	2	2
8	030412005001	单管荧光灯	套	8	8
9	030412005002	双管荧光灯	套	4	4
10	030412001001	吸顶灯	套	2	2

【点拨】本题考查知识点2：安装工程工程量计算——电气自动化工程配管配线等清单工程量计算。

（2）分部分项工程和单价措施项目清单与计价表见表3-D-21。

表3-D-21　分部分项工程和单价措施项目清单与计价表

工程名称：配电房电气工程

序号	项目编码	项目名称	项目特征描述	计量单位	工程量	金额/元		
						综合单价	合价	其中：暂估价
1	030404017001	配电箱（含压铜接线端子）	照明配电箱AL嵌入式安装；箱体尺寸：600×800×200(mm)；无端子外部接线BV2.5mm²；管内穿铜线BV16mm²；安装高度离地1.5m	台	1	4297.73	4297.73	

续表

序号	项目编码	项目名称	项目特征描述	计量单位	工程量	金额/元		
						综合单价	合价	其中：暂估价
2	030404018001	插座箱	插座箱 AX 嵌入式安装；箱体尺寸：300×300×120 (mm)；安装高度底边离地 0.5m	台	1	698.08	698.08	
3	030411001001	电气配管 PC20	刚性阻燃管；塑料；沿砖、混凝土结构暗配 PC20	m	51.71	11.28	583.29	
4	030411001002	电气配管 PC40	刚性阻燃管；塑料；沿砖、混凝土结构暗配 PC40	m	14.70	17.39	255.63	
5	030411004001	电气配线	管内敷设 BV2.5mm^2	m	189.03	3.53	667.28	
6	030411004002	电气配线	管内敷设 BV16mm^2	m	83.5	13.55	131.43	
7	030404034001	照明开关	四联单控暗开关	个	2	27.30	54.60	
8	030412005001	荧光灯	吸顶式单管	套	8	144.94	1159.52	
9	030412005002	荧光灯	吸顶式双管	套	4	211.30	845.20	
10	030412001001	普通灯具	吸顶灯	套	2	124.98	249.96	

综合单价及合价的计算过程如下：

1）配电箱：131.5＋37.9＋4000＋131.5×（40％＋20％）＋3×（1.2＋1.44＋1.2×60％）＋5×（2.5＋3.87＋2.5×60％）＝4297.73（元）。

2）插座箱：102.3＋34.4＋500＋102.3×（40％＋20％）＝698.08（元）。

3）电气配管 PC20：5.4＋0.52＋1.06×2＋5.4×60％＝11.28（元），51.71×11.28＝583.29（元）。

4）电气配管 PC40：6.66＋1.43＋1.06×5＋6.66×60％＝17.39（元），14.70×17.39＝255.63（元）。

5）管内敷设 BV2.5mm^2 电气配线：0.81＋0.15＋1.16×1.8＋0.81×60％＝3.55（元），189.03×3.53＝667.28（元）。

6）管内敷设 BV16mm^2 电气配线：0.81＋0.18＋1.05×11.5＋0.81×60％＝13.55（元），83.5×13.55＝1131.43（元）。

7）照明开关：7＋0.8＋1.02×15＋7×60％＝27.30（元），2×27.30＝54.6（元）。

8）单管荧光灯：13.9＋1.5＋1.01×120＋13.9×60％＝144.94（元），8×144.94＝1159.52（元）。

9）双管荧光灯：17.5＋1.5＋1.01×180＋17.5×60％＝211.30（元），4×211.30＝845.20（元）。

10）吸顶灯：13.8＋1.9＋1.01×100＋13.8×60％＝124.98（元），2×124.98＝249.96（元）。

【点拨】本题考查知识点 3：工程计价定额的应用——结合定额知识计算综合单价。

本题考查知识点 7：清单计价及组价程序——编制分部分项工程及单价措施项目清单与计价表。

问题 2：

综合单价分析表见表 3-D-22。

表 3-D-22　综合单价分析表

工程名称：配电房电气工程

项目编码	030404017001	项目名称		总照明配电箱 AL				计量单位	台	工程量	1
清单综合单价组成明细											
定额编号	定额名称	定额单位	数量	单价/元				合价/元			
				人工费	材料费	机械费	企业管理费和利润	人工费	材料费	机械费	企业管理费和利润
4-2-77	成套配电箱嵌入式安装	台	1.00	131.50	37.90	0	78.90	131.50	37.90	0	78.90
4-1-14	无端子外部接线	个	3.00	1.20	1.44	0	0.72	3.60	4.32	0	2.16
4-4-26	压铜接线端子	个	5.00	2.50	3.87	0	1.50	12.50	19.35	0	7.5
人工单价		小计						147.60	61.57	0	88.56
100 元/工日		未计价材料						4000			
清单项目综合单价								4297.73			
材料费明细	主要材料名称、规格、型号		单位	数量				单价/元	合价/元	暂估单价/元	暂估合价/元
	成套配电箱嵌入式安装		台	1				4000	4000		
	其他材料费								61.57		
	材料费小计							—	4061.57	—	0

【点拨】本题考查知识点 4：编制综合单价分析表就某项目进行综合单价分析。

本章同步训练

试题一（土建工程）

某工程独立基础见图 3-T-1。已知：土壤类别为三类土；基础垫层为 C10 混凝土，独立基础及上部结构柱为 C20 混凝土；弃土运距为 200m；基础回填土夯填；土方挖、填计算均按天然密实土。

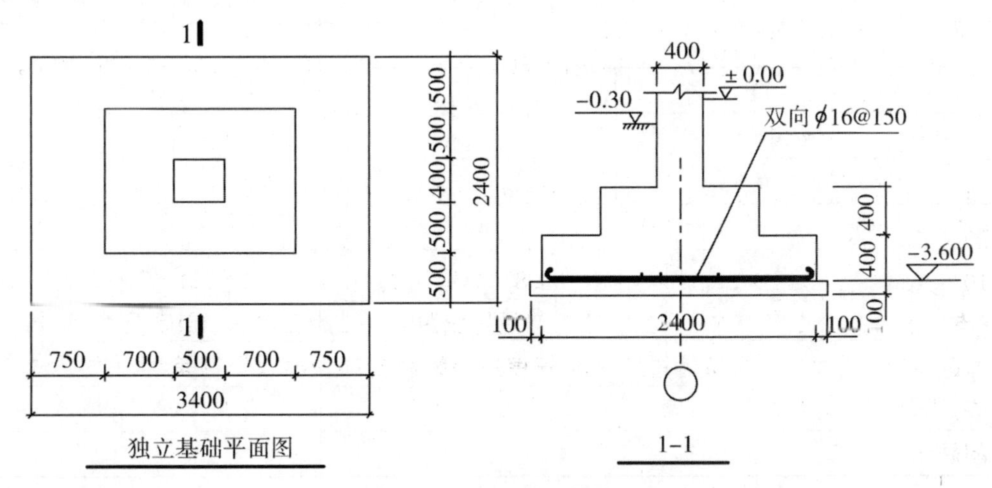

图 3-T-1　柱下独立基础图

【问题】

1. 列式计算表 3-T-1 所示的±0.00 以下分部分项工程清单工程量，并按表 3-T-2 的格式编制分部分项工程量清单项目表。

表 3-T-1　分部分项工程量清单的统一项目编码表

项目编码	项目名称	项目编码	项目名称	项目编码	项目名称
010101003	挖基础土方	010401002	独立基础	010103001	基础回填土
010401006	基础垫层	010402001	矩形柱		

表 3-T-2　±0.00 以下分部分项工程量清单项目表

序号	项目编码	项目名称	项目特征	计量单位	工程量	备注

2. 某承包商拟投标该工程，根据地质资料，确定柱基础为人工放坡开挖放坡自垫层顶开始，边坡系数为 1∶0.33，工作面 300mm；余土用翻斗车外运 200m。试计算土方开挖、余土外运、基础回填土的施工工程量（均按自然方计算）。

3. 该承包商使用的消耗量定额如下：挖 1m^3 土方人工 0.48 工日（包括基底钎探用工）；土方运输（外运 200m）每 m^3 土方需人工 0.10 工日、翻斗车 0.069 台班。已知：翻斗车台班单价为 82.85 元/台班，人工工资为 45 元/工日。管理费率为 12%；利润率为 6%，风险系数为 0.5%。试编制基础土方工程量清单的综合单价分析表，见表 3-T-3。

表 3-T-3　人工挖基础土方综合单价分析表

项目编码		项目名称		计量单位		工程量					
清单综合单价组成明细											
定额编号	定额名称	定额单位	数量	单价/元				合价/元			
				人工费	材料费	机械费	管理费和利润	人工费	材料费	机械费	管理费和利润
人工单价		小计									
		未计价材料/元									
清单项目综合单价/（元/m^3）											

材料费明细	主要材料名称、规格、型号	单位	数量	单价/元	合价/元	暂估单价/元	暂估合价/元
	其他材料费/元						
	材料费小计/元						

注：工程量计算保留三位小数；价格保留两位小数。

试题二（管道安装工程）

1. 某办公楼卫生间给排水系统工程设计，见图3-T-2。给水管道系统及卫生器具有关分部分项工程量清单项目的统一编码，见表3-T-4。

表3-T-4　分部分项工程清单项目的统一编码

项目编码	项目名称	项目编码	项目名称
030801001	镀锌钢管	030801002	钢管
030801003	承插铸铁管	030803001	螺纹阀门
030803003	焊接法兰阀门	030804003	洗脸盆
030804012	大便器	030804013	小便器
030804015	排水栓	030804016	水龙头
030804017	地漏	030804018	地面扫除口

2. 某单位参与投标一碳钢设备制作安装项目，该设备净重1000kg，其中：设备筒体部分净重为750kg，封头、法兰等净重为250kg。该单位根据类似设备制作安装资料确定本设备制作安装有关数据如下：

(1) 设备筒体制作安装钢材损耗率为8%，封头、法兰等钢材损耗率为50%。钢材平均价格为6000元/t，其他辅助材料费为2140元。

(2) 基本用工：基本工作时间为100小时，辅助工作时间为24小时，准备与结束工作时间为20小时，其他必须耗用时间为工作延续时间的10%。其他用工（包括超运距和辅助用工）为5个工日。人工幅度差为12%。综合工日单价为50元。

(3) 施工机械使用费为2200元。

(4) 企业管理费、利润分别按人工费的60%、40%计算。

问题：

1. 根据图3-T-2所示，按照《建设工程工程量清单计价规范》及其有关规定，完成以下内容：

(1) 计算出所有给水管道的清单工程量，并写出其计算过程。

(2) 编列出给水管道系统及卫生器具的分部分项工程量清单项目，相关数据填入表3-T-5“分部分项工程量清单表”内。

表3-T-5　分部分项工程清单表

序号	项目编码	项目名称	计量单位	工程数量

2. 根据背景 2 的数据，计算碳钢设备制作安装工程的以下内容，并写出其计算过程：

(1) 计算该设备制作安装需要的钢材、钢材综合损耗率、材料费用。

(2) 计算该设备制作安装的时间定额（基本用工），该台设备制作安装企业所消耗工日数量、人工费用。

(3) 计算出该设备制作安装的工程量清单综合单价。

（计算结果均保留两位小数）

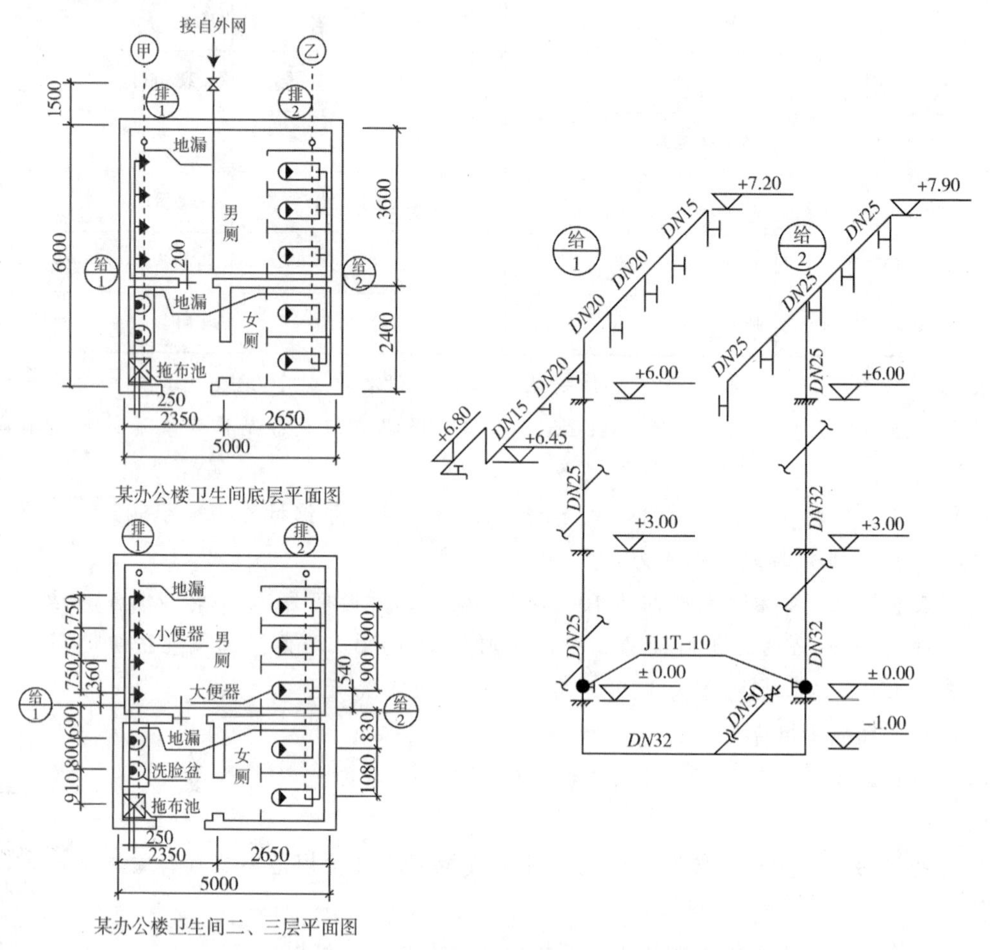

图 3-T-2 某办公楼卫生间给水系统图（一、二层同三层）

说明：

(1) 图 3-T-2 为某办公楼卫生间，共 3 层，层高为 3m，图中平面尺寸以 mm 计，标高均以 m 计。墙体厚度为 240mm。

(2) 给水管道均为镀锌钢管，螺纹连接。给水管道与墙体的中心距离为 200mm。

(3) 卫生器具全部为明装，安装要求均符合《全国统一安装工程预算定额》所指定标准图的要求，给水管道工程量计算至与大便器、小便器、洗面盆支管连接处止。其安装方式为：蹲式大便器为手压阀冲洗；挂式小便器为延时自闭式冲洗阀；洗脸盆为普通冷水嘴；混凝土拖布池为 500mm×600m 落地式安装，普通水龙头，排水地漏带水封；立管检查口设在一、三层排水立管上，距地面 0.5m 处。

(4) 给排水管道穿外墙均采用防水钢套管，穿内墙及楼板均采用普通钢套管。

(5) 给排水管道安装完毕，按规范进行消毒、冲洗、水压试验和试漏。

试题三（电气安装工程）

某控制室照明系统中1回路见图3-T-3。

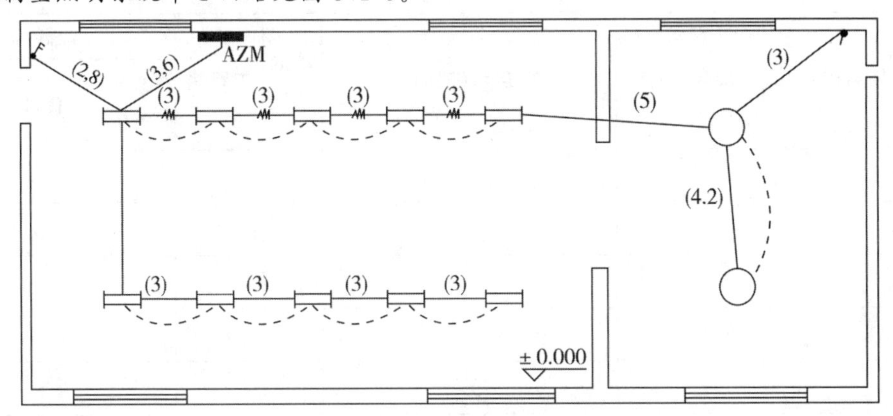

说明：

(1) 照明配电箱AZM由本层总配电箱引来，配电箱为嵌入式安装。

(2) 管路均为镀锌钢管 ϕ15沿墙、楼板暗配，顶管敷管标高4.50m，管内穿绝缘导线ZRBV-500 2.5mm^2。

(3) 配管水平长度见括号内数字，单位为m。

序号	图例	名称 型号 规格	备注
1		双管荧光灯 YG2-2 2×40W	吸顶
2		装饰灯 FZS-164 1×100W	
3		单联单控暗开关 10A，250V	安装高度1.4m
4		双联单控暗开关 10A，250V	
5		照明配电箱 A2M 400×200mm×120mm 宽×高×厚	箱底高度1.6m

图3-T-3 某控制室照明系统平面图

计算该照明工程的相关定额见表3-T-6。

表3-T-6 控制室照明工程的相关定额

序号	项目名称	计量单位	安装费/元			主材	
			人工费	材料费	机械使用费	单价	损耗率
1	镀锌钢管 ϕ15暗配	100m	344.18	64.22		4.10元/m	3%
2	暗装接线盒	10个	18.48	9.76		1.80元/个	2%
3	暗装开关盒	10个	19.72	4.52		1.50元/个	2%

人工单价为41.80元/工日，管理费和利润分别按人工费的30%和10%计。

问题：

1. 根据图3-T-3所示内容和《建设工程工程量清单计价规范》的相关规定，列式计算管线工程量（管内穿线不考虑预留长度），并根据表3-T-7给定的统一项目编码，编制分部分项工程量清单及计价表，填入表3-T-8中。

表3-T-7 工程量清单统一项目编码

项目编码	项目名称	项目编码	项目名称
030204018	配电箱	030212003	电气配线
030204019	控制开关	030213001	普通吸顶灯及其他灯具
030204031	小电器	030213004	荧光灯
030212001	电气配管	030213003	装饰灯

表 3-T-8　工程量清单与计价表

工程名称：控制室照明工程

<table>
<tr><th rowspan="2">序号</th><th rowspan="2">项目编码</th><th rowspan="2">项目名称</th><th rowspan="2">项目特征描述</th><th rowspan="2">计量单位</th><th rowspan="2">工程量</th><th colspan="3">金额/元</th></tr>
<tr><th>综合单价</th><th>合价</th><th>其中：暂估价</th></tr>
<tr><td></td><td></td><td></td><td></td><td></td><td></td><td></td><td></td><td></td></tr>
<tr><td></td><td></td><td></td><td></td><td></td><td></td><td></td><td></td><td></td></tr>
<tr><td></td><td></td><td></td><td></td><td></td><td></td><td></td><td></td><td></td></tr>
<tr><td></td><td></td><td></td><td></td><td></td><td></td><td></td><td></td><td></td></tr>
<tr><td></td><td></td><td></td><td></td><td></td><td></td><td></td><td></td><td></td></tr>
<tr><td></td><td></td><td></td><td></td><td></td><td></td><td></td><td></td><td></td></tr>
<tr><td></td><td></td><td></td><td></td><td></td><td></td><td></td><td></td><td></td></tr>
<tr><td colspan="6">分部小计</td><td></td><td></td><td></td></tr>
<tr><td colspan="6">本页小计</td><td></td><td></td><td></td></tr>
<tr><td colspan="6">合计</td><td></td><td></td><td></td></tr>
</table>

2. 假设镀锌钢管 ϕ15 暗配的清单工程量为 50m，其余条件不变，依据上述相关定额计算分析镀锌钢管 ϕ15 暗配项目的综合单价，并填入表 3-T-9“工程量清单综合单价分析表”中。（金额保留两位小数，其余保留三位小数）

表 3-T-9　人工挖基础土方综合单价分析表

<table>
<tr><td colspan="2">项目编码</td><td colspan="2"></td><td colspan="2">项目名称</td><td colspan="2"></td><td colspan="2">计量单位</td><td>工程量</td><td></td></tr>
<tr><td colspan="12">清单综合单价组成明细</td></tr>
<tr><td rowspan="2">定额编号</td><td rowspan="2">定额名称</td><td rowspan="2">定额单位</td><td rowspan="2">数量</td><td colspan="4">单价/元</td><td colspan="4">合价/元</td></tr>
<tr><td>人工费</td><td>材料费</td><td>机械费</td><td>管理费和利润</td><td>人工费</td><td>材料费</td><td>机械费</td><td>管理费和利润</td></tr>
<tr><td></td><td></td><td></td><td></td><td></td><td></td><td></td><td></td><td></td><td></td><td></td><td></td></tr>
<tr><td></td><td></td><td></td><td></td><td></td><td></td><td></td><td></td><td></td><td></td><td></td><td></td></tr>
<tr><td colspan="3">人工单价</td><td colspan="5">小计</td><td></td><td></td><td></td><td></td></tr>
<tr><td colspan="3">元/工日</td><td colspan="5">未计价材料费</td><td colspan="4"></td></tr>
<tr><td colspan="8">清单项目综合单价</td><td colspan="4"></td></tr>
<tr><td rowspan="7">材料费明细</td><td colspan="4">主要材料名称、规格、型号</td><td colspan="2">单位</td><td>数量</td><td>单价/元</td><td>合价/元</td><td>暂估单价/元</td><td>暂估合价/元</td></tr>
<tr><td colspan="4"></td><td colspan="2"></td><td></td><td></td><td></td><td></td><td></td></tr>
<tr><td colspan="4"></td><td colspan="2"></td><td></td><td></td><td></td><td></td><td></td></tr>
<tr><td colspan="4"></td><td colspan="2"></td><td></td><td></td><td></td><td></td><td></td></tr>
<tr><td colspan="4"></td><td colspan="2"></td><td></td><td></td><td></td><td></td><td></td></tr>
<tr><td colspan="7">其他材料费</td><td></td><td></td><td></td><td></td></tr>
<tr><td colspan="7">材料费小计</td><td></td><td></td><td></td><td></td></tr>
</table>

参考答案

试题一

问题1：

（1）清单工程量计算：

1）挖基础土方：(2.4＋0.1×2)×(3.4＋0.1×2)×(3.6＋0.1－0.3)＝31.824（m^3）。

2）基础垫层：(2.4＋0.1×2)×(3.4＋0.1×2)×0.1＝0.936（m^3）。

3）独立基础：2.4×3.4×0.4＋1.9×1.4×0.4＝4.328（m^3）。

4）矩形柱：0.4×0.5×(3.6－0.8)＝0.560（m^3）。

5）回填土：31.824－[0.936＋4.328＋0.4×0.5×(3.6－0.8－0.3)]＝26.060（m^3）。

（2）±0.00以下分部分项工程量清单项目表见表3-T-10。

表3-T-10 ±0.00以下分部分项工程量清单项目表

序号	项目编码	项目名称	项目特征	计量单位	工程量	备注
1	010101003001	挖基础土方	三类土，独立基础，开挖深度3.4m，基底面积3.6×2.6m；弃土运距200m	m^3	31.824	
2	010401006001	基础垫层	C10混凝土，商品混凝土，厚100mm	m^3	0.936	
3	010401002001	独立基础	C20混凝土，商品混凝土，基底标高－3.6m，两步台高2×0.4m	m^3	4.328	
4	010402001001	矩形柱	C20混凝土，商品混凝土，断面0.4×0.5m，±0.00以下	m^3	0.560	
5	010103001001	基坑回填土	基坑原位土，夯填，无运距	m^3	26.060	

问题2：

（1）挖基础土方：(3.6＋0.3×2)×(2.6＋0.3×2)×0.1＋(3.6＋0.3×2＋3.3×0.33)×(2.6＋0.3×2＋3.3×0.33)×3.3＋1/3×0.33^2×3.3^3＝77.508（m^3）。

（土方四棱台体积计算公式为：$V=(A+2C+KH)\times(B+2C+KH)\times H+KKHHH/3$）

（2）余土外运：0.936＋4.328＋[0.4×0.5×(3.6－0.8－0.3)]＝5.764（m^3）。

（3）基础回填土：77.508－5.764＝71.744（m^3）。

问题3：

人工挖基础土方综合单价分析见表3-T-11。

表3-T-11 人工挖基础土方综合单价分析表

项目编码	010101003001	项目名称	人工挖基础土方	计量单位	m^3	工程量	31.824			
清单综合单价组成明细										
定额编号	定额名称	定额单位	数量	单价/元				合价/元		
				人工费	材料费	机械费	管理费和利润	人工费	材料费	机械费	管理费和利润
	基础挖土	m^3	2.436	21.60			4.16	52.62	0	0	10.13

续表

清单综合单价组成明细											
	余土外运	m^3	0.181	4.50		5.72	1.97	0.82	0	1.04	0.36
人工单价		小计						53.44	0	1.04	10.49
45元/工日		未计价材料/元									
清单项目综合单价/（元/m^3）								64.97			

材料费明细	主要材料名称、规格、型号	单位	数量	单价/元	合价/元	暂估单价/元	暂估合价/元
	其他材料费/元						
	材料费小计/元						

每1m^3 人工挖基础土方清单工程量所含施工工程量：

人工挖基础土方：77.508/31.824=2.436（m^3）。

机械土方运输：5.764/31.824=0.181（m^3）。

人工费单价：

挖1m^3 土方人工费=0.48×45=21.60（元）。

外运1m^3 土方人工费=0.1×45=4.50（元）。

机械费单价：

外运1m^3 土方机械费=0.069×82.85=5.72（元）。

管理费、利润和风险费用单价：

挖1m^3 土方费用=21.60×（1+12%）（1+6%+0.5%）−21.60=4.16（元）。

外运1m^3 土方费用=（4.5+5.72）（1+12%）（1+6%+0.5%）−（4.5+5.72）=1.97（元）。

试题二

问题1：

（1）给水管道工程量的计算：

1）$DN50$ 的镀锌钢管工程量的计算式：

1.5+（3.6−0.2）=1.5+3.4=4.9（m）。

2）$DN32$ 的镀锌钢管工程量的计算式：

（5−0.2−0.2）+［（1+0.45）+（1+1.9+3）］=11.95（m）。

3）$DN25$ 的镀锌钢管工程量的计算式：

（6.45−0.45）+（7.9−4.9）+（1.08+0.83+0.54+0.9+0.9）×3=21.75（m）。

4）$DN20$ 的镀锌钢管工程量的计算式：

（7.2−6.45）+［（0.69+0.8）+（0.36+0.75+0.75）］×3=10.80（m）。

5）$DN15$ 的镀锌钢管工程量的计算式：

［0.91+0.25+（6.8−6.45）+0.75］×3=2.26×3=6.78（m）。

（2）分部分项工程量清单表见表3-T-12。

表 3-T-12　分部分项工程量清单表

序号	项目编码	项目名称	计量单位	工程数量
1	030801001001	室内给水管道 DN50 镀锌钢管 螺纹连接 普通钢套管	m	4.90
2	030801001002	室内给水管道 DN32 镀锌钢管 螺纹连接 普通钢套管	m	11.95
3	030801001003	室内给水管道 DN25 镀锌钢管 螺纹连接 普通钢套管	m	21.75
4	030801001004	室内给水管道 DN20 镀锌钢管 螺纹连接 普通钢套管	m	10.80
5	030801001005	室内给水管道 DN15 镀锌钢管 螺纹连接	m	6.78
6	030803003001	螺纹阀门　DN50	个	1
7	030803003002	螺纹阀门　J11T-10　DN32	个	2
8	030804003001	洗脸盆 普通冷水嘴（上配水）	组	6
9	030804012001	大便器 手压阀冲洗	套	15
10	030804013001	小便器 延时自闭式阀冲洗	套	12
11	030804016001	水龙头 普通水嘴	个	3
12	030804017001	地漏 带水封	个	12

问题 2：

(1) 设备制作安装所需钢材：0.75×（1+8%）+0.25×（1+50%）=1.19（t）。

设备制作安装的钢材综合损耗率：（1.185−1）×100%=18.50%。

设备制作安装的材料费：1.185×6000+2140=9250.00（元）。

(2) 该设备制作安装的时间定额。

设制作安装设备所用的工作延续时间为 x，则：

x=（100+24+20）+10%x

x=160（小时/台）=20.00（工日/台）。

设备制作安装企业所消耗的工日数量：

（时间定额+其他用工）×（1+人工幅度差）=（20+5）×（1+12%）=25×1.12=28.00（工日）。

该设备制作安装的人工费用：28×50=1400.00（元）。

(3) 该设备制作安装工程量清单的综合单价：

人工费+材料费+机械费+企业管理费+利润

=1400+9250+2200+（1400×60%）+（1400×40%）

=1400+9250+2200+840+560=14250.00（元）。

试题三

问题 1：

镀锌钢管 ϕ15 工程量：

(4.5－1.6－0.2) ＋3.6＋ (4.5－1.4) ＋2.8＋3×8＋4.8＋5＋4.2＋3＋ (4.5－1.4)

＝2.7＋3.6＋3.1＋2.8＋24＋4.8＋5＋4.2＋6.1

＝56.300 (m)。

阻燃绝缘导线 ZRBV-500 2.5mm^2 工程量：

2.7×2＋3.6×2＋ (4.5－1.4) ×2＋2.8×2＋3×4×3＋3×4×2＋4.8×2＋5×2＋4.2×2＋ [3＋ (4.5－1.4)] ×2

＝5.4＋7.2＋6.2＋5.6＋36＋24＋9.6＋10＋8.4＋12.2

＝124.600 (m)。

工程量清单与计价见表 3-T-13。

表 3-T-13　分部分项工程量清单与计价表

工程名称：控制室照明工程

序号	项目编码	项目名称	项目特征	计量单位	工程量	金额/元		
						综合单价	合价	其中暂估价
1	030213004001	荧光灯安装	YG2-2 双管 40W 吸顶安装	套	10			
2	030213003001	装饰灯具安装	FZS-164 1×100W 吸顶安装	套	2			
3	030204018001	配电箱安装	AZM 嵌入式安装 400mm×200mm×120mm	台	1			
4	030204031001	单联单控暗开关安装	10A，250V	个	1			
5	030204031002	双联单控暗开关安装	10A，250V	个	1			
6	030212001001	镀锌钢管暗配	ϕ15 暗配，接线盒 12 个、开关盒 2 个	m	56.300			
7	030212003001	管内穿线	ZRBV－500 2.5mm^2	m	124.600			
分部小计								
本页小计								
合计								

问题 2：

工程量清单综合单价分析见表 3-T-14。

表 3-T-14　工程量清单综合单价分析表

工程名称：控制室照明工程

项目编码	030212001001	项目名称	镀锌钢管暗配	计量单位	m^3	工程量	50.000

清单综合单价组成明细											
定额编号	定额名称	定额单位	数量	单价/元				合价/元			
				人工费	材料费	机械费	管理费和利润	人工费	材料费	机械费	管理费和利润
1	镀锌钢管 ϕ15 暗配	100m	0.010	344.18	64.22		137.67	3.44	0.64		1.38
2	暗装接线盒	10 个	0.024	18.48	9.76		7.39	0.44	0.23		0.18
3	暗装开关盒	10 个	0.004	19.72	4.52		7.89	0.08	0.02		0.03
人工单价		小计						3.96	0.89		1.59
41.80 元/工日		未计价材料/元						4.72			
清单项目综合单价/（元/m^3）								11.16			

材料费明细	主要材料名称、规格、型号	单位	数量	单价/元	合价/元	暂估单价/元	暂估合价/元
	镀锌钢管 ϕ15	m	1.030	4.10	4.22		
	接线盒	个	0.245	1.80	0.44		
	开关盒	个	0.041	1.50	0.06		
	其他材料费/元			—		—	
	材料费小计/元			—	4.72	—	

第四章　建设工程招标与投标

建设工程项目的招标投标作为建设工程实施全过程中的主要环节，在建设管理过程中具有重要意义，也是一级造价工程师应该熟练掌握的工作环节。基于建设工程招标投标的重要性，以及造价工程师的工作特点，本章分别从建设单位招标、投标单位投标两个角度，着重介绍了关于建设工程招标的方式与程序，工程招标文件的编制、工程评标与定标及工程投标策略与方法。

本章在考试中对应试题二，共计20分。建设工程招标与投标的题目知识点主要来源于相关法律法规，知识点理解较为容易，但需要记忆的内容较多，同时比较分散，不容易记忆。另外，需要熟练掌握招标与投标的程序，这也是考试中经常出现的考点。本章题型主要涉及对某些背景条件进行判断、挑错、改错，也涉及评标方法的计算及对投标策略的问答题等，题型灵活综合，但是每年考试中得分率相对较高的题目。对于此章知识点重在记忆和灵活应用。

■ 知识脉络

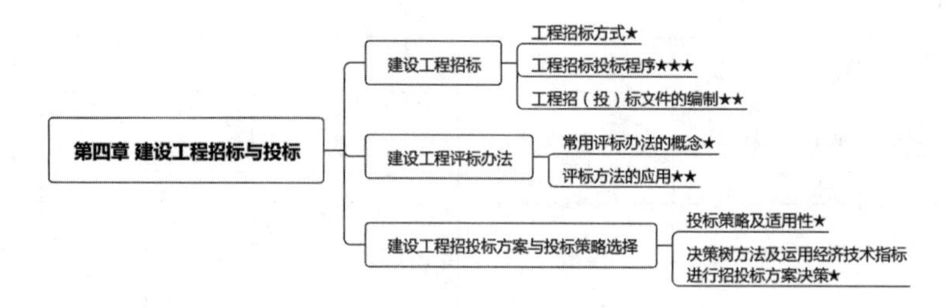

■ 考情分析

近四年真题分值分布统计表　（单位：分）

模块	知识点	近四年考查情况		分值
		年份	考查知识点	
模块一：建设工程招标	知识点1：工程招标方式	2019	—	0
		2018	—	
		2017	—	
		2016	—	
	知识点2：工程招标投标程序	2019	联合体投标、签订合同、工程分包要求	10
		2018	投标有效期、工程量清单复核及澄清、确定报价	10
		2017	投标条件要求、投标行为是否为废标的判断	12
		2016	招标文件要求判断、招标投标人的行为是否合理判断	20
	知识点3：工程招（投）标文件的编制	2019	依据清单编制投标文件	4
		2018	最高投标限价、计价表格编制、综合单价确定	6
		2017	—	0
		2016	—	0

续表

模块	知识点	近四年考查情况		分值
		年份	考查知识点	
模块二：建设工程评标办法	知识点 4：常用评标办法的概念	2019	—	0
		2018	—	0
		2017	—	0
		2016	—	3
	知识点 5：评标办法的应用	2019	—	0
		2018	—	0
		2017	综合评估法计算应用	8
		2016	—	0
模块三：建设工程招投标方案与投标策略选择	知识点 6：投标策略及适用性	2019	—	0
		2018	根据工程量情况确定报价策略	2
		2017	—	0
		2016	—	0
	知识点 7：决策树方法及运用经济技术指标进行招投标方案决策	2019	应用决策树进行投标分析	6
		2018	—	0
		2017	—	0
		2016	—	0

模块一：建设工程招标

知识点 1 工程招标方式

扫码听课

一、建设工程招标形式

建设工程招标形式的内容见表 4-1-1。

表 4-1-1 建设工程招标形式

公开招标	(1) 概念： 公开招标又称无限竞争性招标，是指招标人按程序，通过报刊、广播、电视、网络等媒体发布招标公告，邀请具备条件的施工承包商投标竞争，然后从中确定中标者并与之签订施工合同的过程 (2) 优点： 1) 招标人可以在较广的范围内选择承包商，投标竞争激烈，择优率更高，有利于招标人将工程项目交予可靠的承包商实施，并获得有竞争性的商业报价 2) 可在较大程度上避免招标过程中的贿标行为；国际上政府采购通常采用公开招标方式 (3) 缺点： 1) 准备招标、对投标申请者进行资格预审和评标的工作量大，招标时间长、费用高 2) 参加竞争的投标者越多，中标的机会就越小；投标风险越大，损失的费用也就越多，而这种费用的损失必然会反映在标价中，最终会由招标人承担，故这种方式在一些国家较少采用 【注意】对应发布招标公告
邀请招标	(1) 概念： 邀请招标也称有限竞争性招标，是指招标人以投标邀请书的形式邀请预先确定的若干家施工承包商投标竞争，然后从中确定中标者并与之签订施工合同的过程。采用邀请招标方式时，邀请对象应以 5～10 家为宜，至少不应少于 3 家（邀请 3 家也可），否则就失去了竞争意义 (2) 优点： 1) 邀请招标方式的优点是不发布招标公告，不进行资格预审（但一般也要进行资格后审），简化了招标程序，因而节约了招标费用、缩短了招标时间 2) 由于招标人比较了解投标人以往的业绩和履约能力，从而减少了合同履行过程中承包商违约的风险。对于采购标的较小的工程项目采用邀请招标方式比较有利 3) 有些工程项目的专业性强，有资格承接的潜在投标人较少或者需要在短时间内完成投标任务等，不宜采用公开招标方式的，也应采用邀请招标方式 (3) 缺点： 1) 由于投标竞争的激烈程度较差，有可能会提高中标合同价 2) 有可能排除某些在技术上或报价上有竞争力的承包商参与投标 【注意】对应发布投标邀请书

二、建设工程招标形式使用范围

建设工程招标形式使用范围的内容见表 4-1-2。

表 4-1-2 建设工程招标形式使用范围

招标形式	使用范围
强制招标	《招标投标法》规定，在中华人民共和国境内进行下列工程建设项目（包括项目的勘察、设计、施工、监理以及与工程建设有关的重要设备、材料等的采购），必须进行招标： （1）大型基础设施、公用事业等关系社会公共利益、公众安全的项目 （2）全部或者部分使用国有资金投资或者国家融资的项目 （3）使用国际组织或者外国政府贷款、援助资金的项目 【注意】不得将项目化整为零规避招标；不得违法限制或者排斥本地区、本系统以外的单位参加投标；招标投标活动不受地区或者部门的限制
可以不招标	《招标投标法实施条例》规定，有下列情形之一的，可以不进行招标： （1）需要采用不可替代的专利或者专有技术 （2）采购人依法能够自行建设、生产或者提供 （3）已通过招标方式选定的特许经营项目投资人依法能够自行建设、生产或者提供 （4）需要向原中标人采购工程、货物或者服务，否则将影响施工或者功能配套要求 （5）国家规定的其他特殊情形 【注意】简单记忆：不招标须要具备唯一性或合法性
应当采用公开招标	（1）国务院发展计划部门确定的国家重点建设项目 （2）各省、自治区、直辖市人民政府确定的地方重点建设项目 （3）国有资金投资占控股或者主导地位的依法必须进行招标的项目 【注意】并没有明确说明必须公开招标的工程限额等工程范围，结合相关文件可以简单记忆：重点项目和国有资金投资占控股或者主导地位的项目
可以采用邀请招标	《招标投标法实施条例》规定，国有资金占控股或者主导地位的依法必须进行招标的项目，应当公开招标；但有下列情形之一的，可以邀请招标： （1）技术复杂、有特殊要求或者受自然环境限制，只有少量潜在投标人可供选择 （2）采用公开招标方式的费用占项目合同金额的比例过大 【注意】简单记忆：人少钱多
	《建设工程项目施工招标投标办法》规定，有下列情形之一的，可以邀请招标： （1）项目技术复杂或有特殊要求，或者受自然地域环境限制，只有少量潜在投标人可供选择 （2）涉及国家安全、国家秘密或者抢险救灾，适宜招标但不宜公开招标 （3）采用公开招标方式的费用占项目合同金额的比例过大 国家重点建设项目的邀请招标，应当经国务院发展计划部门批准；地方重点建设项目的邀请招标，应当经各省、自治区、直辖市人民政府批准 【注意】与《招标投标法实施条例》规定类似，只是表述不同，考试时没有明确按哪个文件规定作答的，可以以《招标投标法实施条例》为准

➢ **考分统计**：建设工程招标方式相关内容是本章的基础知识点，以相关法律法规的记忆内容为主，不是考试的重点出题部分，考题中没有明显涉及相关内容的考点，但要注意可能会出现要求判断背景材料中使用某种招标方式是否合理的判断题，或者根据某个背景条件引申出来，要求笔答某种招标方式的适用范围的问题。

知识点 2 工程招标投标程序

一、建设项目施工招投标流程图

建设工程招标是要约邀请，而投标是要约，中标通知书是承诺。

建设项目施工招标流程见图 4-1-1。

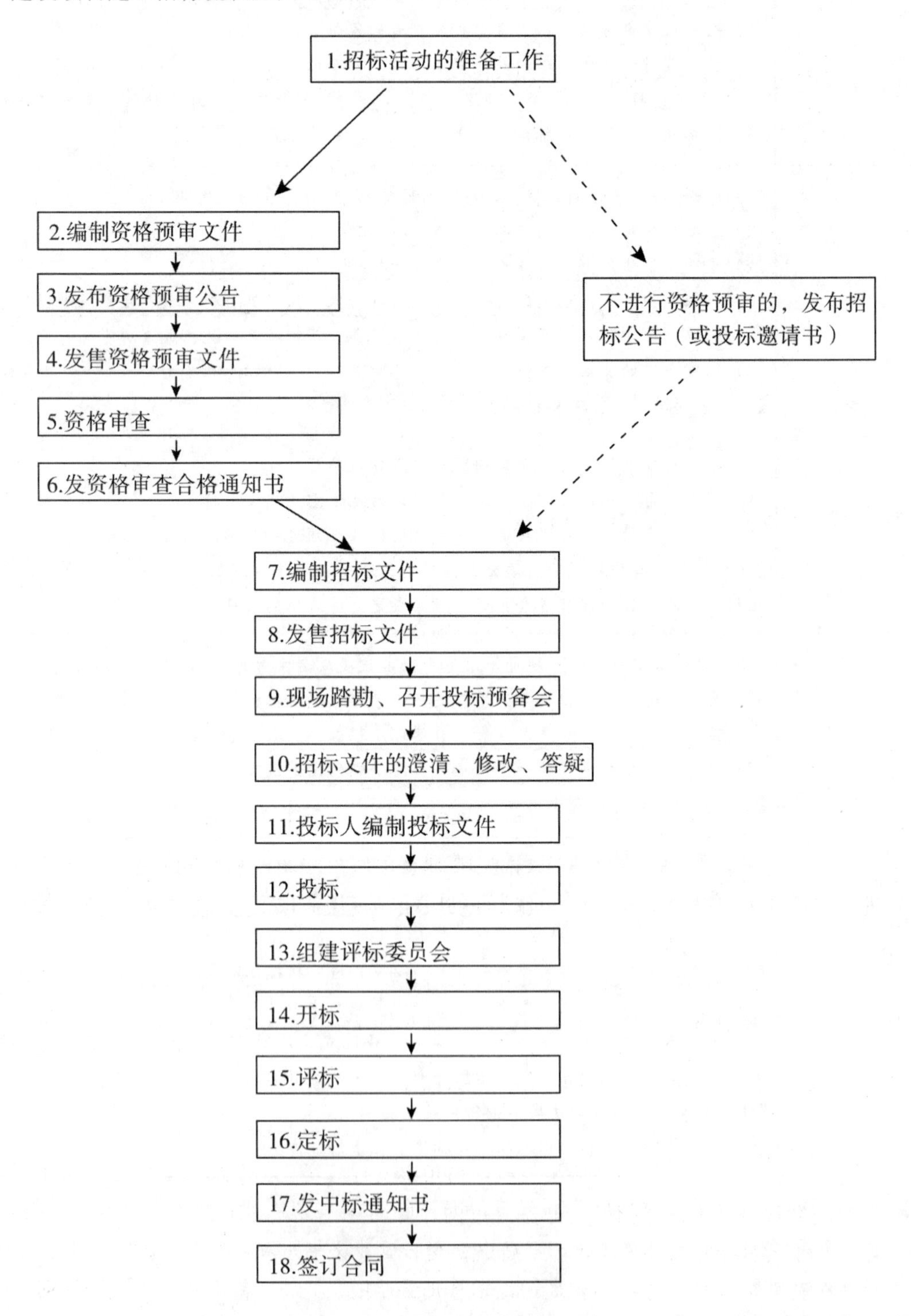

图 4-1-1 建设项目施工招标流程

二、建设项目施工招投标流程要点

第一阶段：招标

（一）招标活动的准备工作

1. 招标必须具备的基本条件

（1）招标人已经依法成立。

（2）初步设计及概算应当履行审批手续的，已经批准。

（3）招标范围、招标方式和招标组织形式等应当履行核准手续的，已经核准。

（4）有相应资金或资金来源已经落实。

（5）有招标所需的设计图纸及技术资料。

➢ **注意**：此部分内容可考查问答题、挑错题、判断题。

2. 确定招标方式

依法应当公开招标的项目，有下列情况之一的，经批准可以进行邀请招标：

（1）项目技术复杂或有特殊要求，或者受自然地域环境限制，只有少量几家潜在投标人可供选择。

（2）涉及国家安全、国家秘密或者抢险救灾，适宜招标但不宜公开招标。

（3）采用公开招标方式的费用占项目合同金额的比例过大。

➢ **注意**：此部分内容可考查问答题、挑错题、判断题。

（二）资格预审公告或招标公告的编制与发布

依法必须进行招标的项目的资格预审公告和招标公告，应当在国务院发展改革部门依法指定的媒介发布。在不同媒介发布的同一招标项目的资格预审公告或者招标公告的内容应当一致。指定媒介发布依法必须进行招标的项目的境内资格预审公告、招标公告，不得收取费用。

若在公开招标过程中采用资格预审程序，可用资格预审公告代替招标公告，资格预审后不再单独发布招标公告。

（三）资格审查

资格审查可以分为资格预审和资格后审。资格预审的程序是：

1. 发出资格预审文件

（1）自招标文件或者资格预审文件出售之日起至停止出售之日止，最短不得少于 5 日。依法必须进行招标的项目提交资格预审申请文件的时间，自资格预审文件停止发售之日起不得少于 5 日。

（2）招标人可以对已发出的资格预审文件或者招标文件进行必要的澄清或者修改。澄清或者修改的内容可能影响资格预审申请文件或者投标文件编制的，招标人应当在提交资格预审申请文件截止时间至少 3 日前，或者投标截止时间至少 15 日前，以书面形式通知所有获取资格预审文件或者招标文件的潜在投标人；不足 3 日或者 15 日的，招标人应当顺延提交资格预审申请文件或者投标文件的截止时间。

（3）潜在投标人或者其他利害关系人对资格预审文件有异议的，应当在提交资格预审申请文件截止时间 2 日前提出；对招标文件有异议的，应当在投标截止时间 10 日前提出。招标人应当自收到异议之日起 3 日内作出答复；作出答复前，应当暂停招标投标活动。

（4）招标人有下列行为之一的，属于以不合理条件限制、排斥潜在投标人或者投标人：

1）就同一招标项目向潜在投标人或者投标人提供有差别的项目信息。

2）设定的资格、技术、商务条件与招标项目的具体特点和实际需要不相适应或者与合同履行无关。

3）依法必须进行招标的项目以特定行政区域或者特定行业的业绩、奖项作为加分条件或者中标条件。

4）对潜在投标人或者投标人采取不同的资格审查或者评标标准。

5）限定或者指定特定的专利、商标、品牌、原产地或者供应商。

6）依法必须进行招标的项目非法限定潜在投标人或者投标人的所有制形式或者组织形式。

7）以其他不合理条件限制、排斥潜在投标人或者投标人。

2. 对投标申请人的审查和评定

资格预审结束后，招标人应当及时向资格预审申请人发出资格预审结果通知书。未通过资格预审的申请人不具有投标资格。通过资格预审的申请人少于 3 个的，应当重新招标。

3. 发出通知与申请人确认

招标人在规定的时间内，以书面形式将资格预审结果通知申请人，并向通过资格预审的申请人发出投标邀请书。通过资格预审的申请人收到投标邀请书后，应在规定的时间内以书面形式明确表示是否参加投标。在规定时间内未表示是否参加投标或明确表示不参加投标的，不得再参加投标。未通过资格预审的申请人不具有投标资格。潜在投标人数量不足 3 个的，招标人重新组织资格预审或不再组织资格预审而直接招标。

➢ **注意**：考试主要考查资格预审，资格后审内容了解即可。

（四）编制和发售招标文件

1. 施工招标文件的编制内容

施工招标文件的编制内容见表 4-1-3。

表 4-1-3　施工招标文件的编制内容

编制内容	招投标程序中需要重点掌握的内容
招标公告 （或投标邀请书）	（1）未进行资格预审时，招标文件中应包括招标公告 （2）当进行资格预审时，招标文件中应包括投标邀请书
投标人须知	（1）招标人设有标底的，标底必须保密 （2）自招标文件开始发出之日起至投标人提交投标文件截止之日止，最短不得少于 20 日
评标办法	评标办法可选择经评审的最低投标价法和综合评估法
合同条款及格式	—
工程量清单	（1）招标控制价也应在招标时一并公布；要公布详细内容，不得只公布总价 （2）《招标投标法实施条例》规定，招标人可以自行决定是否编制标底，一个招标项目只能有一个标底，标底必须保密。接受委托编制标底的中介机构不得参加受托编制标底项目的投标，也不得为该项目的投标人编制投标文件或者提供咨询。招标人设有最高投标限价的，应当在招标文件中明确最高投标限价或者最高投标限价的计算方法。招标人不得规定最低投标限价 【注意】一般认为招标控制价就是最高投标限价

续表

编制内容	招投标程序中需要重点掌握的内容
图纸	—
技术标准和要求	招标文件中规定的各项技术标准均不得要求或标明某一特定的专利、商标、名称、设计、原产地或生产供应者，不得含有倾向或者排斥潜在投标人的其他内容。如果必须引用某一生产供应商的技术标准才能准确或清楚地说明拟招标项目的技术标准时，则应当在参照后面加上“或相当于”的字样
投标文件格式	—
规定的其他材料	—

2. 招标文件的发售、澄清与修改

招标文件的发售、澄清与修改的内容见表 4-1-4。

表 4-1-4 招标文件的发售、澄清与修改

项目	内容
招标文件的发售	自招标文件出售之日起至停止出售之日止，发售时间不少于 5 日
招标文件的澄清	(1) 招标文件的澄清将在规定的投标截止时间 15 天前以书面形式发给所有购买招标文件的投标人，但不指明澄清问题的来源 (2) 如果澄清发出的时间距投标截止时间不足 15 天，相应延长投标截止时间
招标文件的修改	(1) 招标人对已发出的招标文件进行必要的修改，应当在投标截止时间 15 天前，招标人可以书面形式修改招标文件，并通知所有已购买招标文件的投标人 (2) 如果修改招标文件的时间距投标截止时间不足 15 天，相应延长投标截止时间

(五) 踏勘现场与召开投标预备会

1. 踏勘现场

招标人不得单独或者分别组织任何一个投标人进行现场踏勘。

招标人在踏勘现场中介绍的工程场地和相关的周边环境情况，供投标人在编制投标文件时参考，招标人不对投标人据此做出的判断和决策负责。

2. 召开投标预备会

由招标人以书面形式将问题及解答同时发送到所有获得招标文件的投标人。

(六) 两阶段招标

对技术复杂或者无法精确拟定技术规格的项目，招标人可以分两阶段进行招标。

第一阶段，投标人按照招标公告或者投标邀请书的要求提交不带报价的技术建议，招标人根据投标人提交的技术建议确定技术标准和要求，编制招标文件。

第二阶段，招标人向在第一阶段提交技术建议的投标人提供招标文件，投标人按照招标文件的要求提交包括最终技术方案和投标报价的投标文件。

招标人要求投标人提交投标保证金的，应当在第二阶段提出。

第二阶段：工程投标程序及投标报价的编制

(一) 投标报价的编制

投标报价的编制过程。

➢ **注意**：详见第三章“工程量清单编制与投标报价的编制”相关内容。

（二）建设项目施工投标

1. 投标文件的递交

投标人应当在招标文件规定的提交投标文件的截止时间前，将投标文件密封送达投标地点。在开标前任何单位和个人不得开启投标文件。

投标有效期从投标人提交投标文件的截止之日起计算。

（1）投标保证金。

投标人在递交投标文件的同时，应按规定的金额、担保形式和投标保证金格式递交投标保证金，并作为其投标文件的组成部分。依法必须进行招标的项目的境内投标单位，以现金或者支票形式提交的投标保证金应当从其基本账户转出。招标人不得挪用投标保证金。

联合体投标的，其投标保证金由牵头人递交，并应符合规定。

投标保证金的数额不得超过投标项目估算价的2%，投标人不按要求提交投标保证金的，作废标处理。投标保证金有效期应当与投标有效期一致。

招标人最迟应当在书面合同签订后5日内向中标人和未中标的投标人退还投标保证金及银行同期存款利息。

出现下列情况的，投标保证金将不予返还：

1）投标人在规定的投标有效期内撤回或修改其投标文件。

2）中标人在收到中标通知书后，无正当理由拒签合同协议书或未按招标文件规定提交履约担保。

（2）投标有效期。

投标保证金的有效期应与投标有效期保持一致。

出现特殊情况需要延长投标有效期的，招标人以书面形式通知所有投标人延长投标有效期。投标人同意延长的，应相应延长其投标保证金的有效期，但不得要求或被允许修改或撤回其投标文件；投标人拒绝延长的，其投标失效，但投标人有权收回其投标保证金。

在规定的投标截止时间前，投标人可以修改或撤回已递交的投标文件，但应以书面形式通知招标人。投标人撤回已提交的投标文件，招标人已收取投标保证金的，应当自收到投标人书面撤回通知之日起5日内退还。投标截止后投标人撤销投标文件的，招标人可以不退还投标保证金。

2. 联合体投标

两个以上法人或者其他组织可以组成一个联合体，以一个投标人的身份共同投标。联合体投标需遵循以下规定：

（1）联合体各方应按招标文件提供的格式签订联合体协议书，明确联合体牵头人和各方权利义务，牵头人代表联合体成员负责投标和合同实施阶段的主办、协调工作，并应当向招标人提交由所有联合体成员法定代表人签署的授权书。

（2）联合体各方签订共同投标协议后，不得再以自己名义单独投标，也不得组成新的联合体或参加其他联合体在同一项目中投标。联合体各方在同一招标项目中以自己名义单独投标或者参加其他联合体投标的，相关投标均无效。

（3）联合体各方应具备承担本施工项目的资质条件、能力和信誉，通过资格预审的联合体，其各方组成结构或职责，以及财务能力、信誉情况等资格条件不得改变。

（4）由同一专业的单位组成的联合体，按照资质等级较低的单位确定资质等级。

（5）联合体投标的，应当以联合体各方或者联合体中牵头人的名义提交投标保证金。以联合体中牵头人名义提交的投标保证金，对联合体各成员具有约束力。

3. 串通投标

在投标过程有串通投标行为的，招标人或有关管理机构可以认定该行为无效。有下列情形之一的，属于投标人相互串通投标：

（1）投标人之间协商投标报价等投标文件的实质性内容。

（2）投标人之间约定中标人。

（3）投标人之间约定部分投标人放弃投标或者中标。

（4）属于同一集团、协会、商会等组织成员的投标人按照该组织要求协同投标。

（5）投标人之间为谋取中标或者排斥特定投标人而采取的其他联合行动。

有下列情形之一的，视为投标人相互串通投标：

（1）不同投标人的投标文件由同一单位或者个人编制。

（2）不同投标人委托同一单位或者个人办理投标事宜。

（3）不同投标人的投标文件载明的项目管理成员为同一人。

（4）不同投标人的投标文件异常一致或者投标报价呈规律性差异。

（5）不同投标人的投标文件相互混装。

（6）不同投标人的投标保证金从同一单位或者个人的账户转出。

有下列情形之一的，属于招标人与投标人串通投标：

（1）招标人在开标前开启投标文件并将有关信息泄露给其他投标人。

（2）招标人直接或者间接向投标人泄露标底、评标委员会成员等信息。

（3）招标人明示或者暗示投标人压低或者抬高投标报价。

（4）招标人授意投标人撤换、修改投标文件。

（5）招标人明示或者暗示投标人为特定投标人中标提供方便。

（6）招标人与投标人为谋求特定投标人中标而采取的其他串通行为。

投标人有下列情形之一的，属于以其他方式弄虚作假的行为：

（1）使用伪造、变造的许可证件。

（2）提供虚假的财务状况或者业绩。

（3）提供虚假的项目负责人或者主要技术人员简历、劳动关系证明。

（4）提供虚假的信用状况。

（5）其他弄虚作假的行为。

第三阶段　建设项目施工开标、评标、定标和签订合同

（一）开标

开标应由招标人主持，开标应当在招标文件确定的提交投标文件截止时间的同一时间公开进行。开标地点也应当为招标文件中投标人须知前附表中预先确定的地点。开标时，由投标人或者其推选的代表检查投标文件的密封情况，也可以由招标人委托的公证机构检查并公证。投标人少于3个的，招标人应当依照《招标投标法》重新招标。

通常不应以投标人不参加开标为由将其投标作废标处理。

（二）评标

1. 评标的原则以及保密性和独立性

评标委员会由招标人负责组建，向招标人推荐中标候选人或者根据招标人的授权直接确定中标人。评标委员会成员名单一般应于开标前确定，而且该名单在中标结果确定前应当保密。

2. 评标委员会的组建与对评标委员会成员的要求

依法必须进行招标的项目，其评标委员会由招标人的代表和有关技术、经济等方面的专家组成，人数为5人以上的单数，其中技术、经济等方面的专家不得少于成员总数的2/3。

评标委员会的专家成员应当从国务院有关部门或者省、自治区、直辖市人民政府有关部门提供的专家名册或者招标代理机构的专家库内的相关专业的专家名单中确定。一般招标项目可以采取随机抽取方式，特殊招标项目可以由招标人直接确定。

评标委员会成员与投标人有利害关系的，应当主动回避。行政监督部门的工作人员不得担任本部门负责监督项目的评标委员会成员。

评标委员会经评审，认为所有投标都不符合招标文件要求的，可以否决所有投标。

招标人应当根据项目规模和技术复杂程度等因素合理确定评标时间。如超过1/3的评标委员会成员认为评标时间不够，招标人应当适当延长。

3. 评标的初步评审

评标委员会应当根据招标文件规定的评标标准和方法，对投标文件进行系统地评审和比较。招标文件中没有规定的标准和方法不得作为评标的依据。中标人的投标应当符合下列条件之一：

（1）能够最大限度地满足招标文件中规定的各项综合评价标准。

（2）能够满足招标文件的实质性要求，并且经评审的投标价格最低。但是，投标价格低于成本的除外。

招标项目设有标底的，招标人应当在开标时公布。标底只能作为评标的参考，不得以投标报价是否接近标底作为中标条件，也不得以投标报价超过标底上下浮动范围作为否决投标的条件。

（1）初步评审标准，包括以下四方面：①形式评审标准；②资格评审标准；③响应性评审标准；④施工组织设计和项目管理机构评审标准。

（2）投标文件的澄清和说明。

评标委员会可以书面方式要求投标人对投标文件中含意不明确的内容作必要的澄清、说明或补正，但是澄清、说明或补正不得超出投标文件的范围或者改变投标文件的实质性内容。评标委员会不得暗示或者诱导投标人作出澄清、说明，不接受投标人主动提出的澄清、说明或补正。评标委员会对投标人提交的澄清、说明或补正有疑问的，可以要求投标人进一步澄清、说明或补正，直至满足评标委员会的要求。

评标委员会发现投标单位的报价明显低于其他投标报价或者在设有标底时明显低于标底，使得其投标报价可能低于其个别成本的，应当要求该投标单位做出书面说明并提供相关证明材料。投标单位不能合理说明或者不能提供相关证明材料的，由评标委员会认定该投标单位以低于成本报价竞标，其投标应作废标处理。

（3）投标报价有算术错误的。

评标委员会按以下原则对投标报价进行修正，修正的价格经投标人书面确认后具有约束力。投标人不接受修正价格的，其投标作废标处理。

1）投标文件中的大写金额与小写金额不一致的，以大写金额为准。

2）总价金额与依据单价计算出的结果不一致的，以单价金额为准修正总价，但单价金额小数点有明显错误的除外。

此外，如对不同文字文本投标文件的解释发生异议的，以中文文本为准。

（4）重大偏差、细微偏差。

重大偏差应作废标处理，以下属于重大偏差：

1）没有按照招标文件要求提供投标担保或所提供的担保有瑕疵。

2）投标文件没有投标人授权代表签字和加盖公章。

3）投标文件载明的招标项目完成期限超过招标文件规定的期限。

4）明显不符合技术规格、技术标准的要求。

5）投标文件载明的货物包装方式、检验标准和方法等不符合招标文件的要求。

6）投标文件附有招标人不能接受的条件。

7）不符合招标文件中规定的其他实质性要求。

细微偏差不影响投标文件的有效性。细微偏差处理办法：评标委员会应当书面要求存在细微偏差的投标人在评标结束前予以补正。拒不补正的，在详细评审时可以对细微偏差作不利于该投标人的量化，量化标准应当在招标文件中规定。

经初步评审后作为废标处理的情况。应作废标处理的，除了重大偏差，还有情形包括：

1）不符合招标文件规定“投标人资格要求”中任何一种情形的。

2）投标人以他人名义投标、串通投标、弄虚作假或有其他违法行为的。

3）投标文件未按规定的格式填写，内容不全或关键字迹模糊、无法辨认的。

4）评标委员会发现投标人的报价明显低于其他投标报价或者在设有标底时明显低于标底，应当要求该投标人作出书面说明并提供相关证明材料。投标人不能合理说明或者不能提供相关证明材料的，由评标委员会认定该投标人以低于成本报价竞标，其投标应作废标处理。

5）投标人递交两份或多份内容不同的投标文件，或在一份投标文件中对同一招标项目报有两个或多个报价，且未声明哪一个有效。按招标文件规定提交备选投标方案的除外。

6）投标人名称或组织结构与资格预审时不一致的。

7）未按招标文件要求提交投标保证金的。

8）联合体投标未附联合体各方共同投标协议的。

4. 详细评审方法

（1）经评审的最低投标价法。

（2）综合评估法。

➢ **注意**：具体内容参见知识点4、知识点5常用评标办法的概念及应用。

5. 评标结果

评标完成后，评标委员会应当向招标人提交书面评标报告和中标候选人名单。中标候选人应当不超过3个，并标明排序。

招标人可以授权评标委员会直接确定中标人。在确定中标人前，招标人不得与投标人就投标价格、投标方案等实质性内容进行谈判。

评标报告由评标委员会全体成员签字。对评标结论持有异议的评标委员会成员可以书面方式阐述其不同意见和理由。评标委员会成员拒绝在评标报告上签字且不陈述其不同意见和理由的，视为同意评标结论。

依法必须进行招标的项目，招标人应当自收到评标报告之日起 3 日内公示中标候选人，公示期不得少于 3 日。

投标人或者其他利害关系人对依法必须进行招标的项目的评标结果有异议的，应当在中标候选人公示期间提出。招标人应当自收到异议之日起 3 日内作出答复；作出答复前，应当暂停招标投标活动。

国有资金占控股或者主导地位的依法必须进行招标的项目，招标人应当确定排名第一的中标候选人为中标人。排名第一的中标候选人放弃中标、因不可抗力不能履行合同、不按照招标文件要求提交履约保证金，或者被查实存在影响中标结果的违法行为等情形，不符合中标条件的，招标人可以按照评标委员会提出的中标候选人名单排序依次确定其他中标候选人为中标人，也可以重新招标。

6. 中标

中标人确定后，招标人应当向中标人发出中标通知书，并同时将中标结果通知所有未中标的投标人。中标通知书对招标人和中标人具有法律效力。依据《招标投标法》的规定，依法必须进行招标的项目，招标人应当自确定中标人之日起 15 日内，向有关行政监督部门提交招标投标情况的书面报告。

7. 签订合同

招标人和中标人应当依照《招标投标法》和《招标投标法实施条例》的规定签订书面合同，招标人和中标人不得再行订立背离合同实质性内容的其他协议。

招标人最迟应当在书面合同签订后 5 日内向中标人和未中标的投标人退还投标保证金及银行同期存款利息。

招标文件要求中标人提交履约保证金的，中标人应当按照招标文件的要求提交。履约保证金不得超过中标合同金额的 10%。

中标人不得向他人转让中标项目，也不得将中标项目肢解后分别向他人转让。

中标人按照合同约定或者经招标人同意，可以将中标项目的部分非主体、非关键性工作分包给他人完成。接受分包的人应当具备相应的资格条件，并不得再次分包。

中标人应当就分包项目向招标人负责，接受分包的人就分包项目承担连带责任。

招标人不得向中标人提出压低报价、增加工作量、缩短工期或其他违背中标人意愿的要求，以此作为发出中标通知书和签订合同的条件。

中标人不能按要求提交履约担保的，视为放弃中标，其投标保证金不予退还，给招标人造成的损失超过投标保证金数额的，中标人还应当对超过部分予以赔偿。中标后的承包人应保证其履约担保在发包人颁发工程接收证书前一直有效。发包人应在工程接收证书颁发后 28 天内把履约担保退还给承包人。

招标人和中标人应当自中标通知书发出之日起 30 天内，根据招标文件和中标人的投标文件订立书面合同。中标人无正当理由拒签合同的，招标人取消其中标资格，其投标保证金不予

退还；给招标人造成的损失超过投标保证金数额的，中标人还应当对超过部分予以赔偿。发出中标通知书后，招标人无正当理由拒签合同的，招标人向中标人退还投标保证金；给中标人造成损失的，还应当赔偿损失。招标人与中标人签订合同后5日内，应当向中标人和未中标的投标人退还投标保证金。

➤ **考分统计：**此部分内容是本章的重点，近年考题基本以此部分内容为主要考点，考题中所占分值较高，应该做重点掌握。本部分内容基本不涉及计算的问题，完全是相关法律法规的记忆理解内容，但知识点比较散，不容易形成系统性的知识体系，故建议读者以工程招标投标的流程图为骨架，结合记忆。另外，此部分内容在考试时多以在题目背景下的应用，涉及挑错、改错、判断题等，应该结合具体背景描述的条件作答，切忌教条主义，要灵活变通地看待问题。

知识点 3　工程招（投）标文件的编制

一、施工招标文件的编制内容

按照《招标投标法》的规定，招标文件应当包括招标项目的技术要求，对投标人资格审查的标准、投标报价要求和评标标准等所有实质性要求和条件以及拟签合同的主要条款。建设项目施工招标文件是由招标人（或其委托的咨询机构）编制，由招标人发布的，它既是投标单位编制投标文件的依据，也是招标人与将来中标人签订工程承包合同的基础，其编制内容见表 4-1-5。

表 4-1-5　施工招标文件的编制内容

项目名称	主要内容
招标公告（或投标邀请书）	（1）未进行资格预审时，招标文件中应包括招标公告 （2）当进行资格预审时，招标文件中应包括投标邀请书
投标人须知	（1）主要包括对于项目概况的介绍和招标过程的各种具体要求，在正文中的未尽事宜可以通过“投标人须知前附表”进行进一步明确，但务必与招标文件的其他章节相衔接，并不得与投标人须知正文的内容相抵触，否则抵触内容无效 （2）投标人须知包括如下10个方面的内容：①总则；②招标文件；③投标文件；④投标；⑤开标；⑥评标；⑦合同授予；⑧重新招标和不再招标；⑨纪律和监督；⑩需要补充的其他内容
评标办法	评标办法可选择经评审的最低投标价法和综合评估法
合同条款及格式	包括本工程拟采用的通用合同条款、专用合同条款以及各种合同附件的格式
工程量清单	工程量清单是表现拟建工程分部分项工程、措施项目和其他项目名称和相应数量的明细清单，以满足工程项目具体量化和计量支付的需要；是招标人编制招标控制价和投标人编制投标报价的重要依据
图纸	图纸是指应由招标人提供的用于计算招标控制价和投标人计算投标报价所必需的各种详细程度的图纸
技术标准和要求	招标文件规定的各项技术标准应符合国家强制性规定
投标文件格式	提供各种投标文件编制所应依据的参考格式
规定的其他材料	如需要其他材料，应在投标人须知前附表中予以规定

二、招标工程量清单的编制

招标工程量清单是招标人编制的，应充分体现“量价分离”的“风险分担”原则。招标阶时将其作为招标文件的组成部分。招标人对工程量清单中各分部分项工程或适合以分部分项工程量清单设置的措施项目的工程量的准确性和完整性负责；投标人应结合企业自身实际、参考市场有关价格信息完成清单项目工程的组合报价，并对其承担风险。

（一）分部分项工程量清单编制

分部分项工程量清单所反映的是拟建工程分部分项工程项目名称和相应数量的明细清单，招标人负责包括项目编码、项目名称、项目特征、计量单位和工程量在内的5项内容。

（二）措施项目清单编制

措施项目清单指为完成工程项目施工，发生于该工程施工准备和施工过程中的技术、生活、安全、环境保护等方面的项目清单，措施项目分单价措施项目和总价措施项目，若出现《建设工程工程量清单计价规范》（GB 50500—2013）中未列的项目，可根据工程实际情况补充。

一些可以精确计算工程量的措施项目可采用与分部分项工程量清单编制相同的方式，编制“分部分项工程和单价措施项目清单与计价表”，而有一些措施项目费用的发生与使用时间、施工方法或者两个以上的工序相关并大都与实际完成的实体工程量的大小关系不大，如安全文明施工、冬雨季施工、已完工程设备保护等，应编制“总价措施项目清单与计价表”。

（三）其他项目清单的编制

（1）暂列金额是指招标人暂定并包括在合同中的一笔款项，用于工程合同签订时尚未确定或者不可预见的费用。暂列金额由招标人支配，实际发生后才得以支付。

（2）暂估价是招标人在招标文件中提供的用于支付必然要发生但暂时不能确定价格的材料、工程设备的单价以及专业工程的金额。一般需要纳入分部分项工程量项目综合单价中的暂估价，应只是材料、工程设备暂估单价。以“项”为计量单位给出的专业工程暂估价一般应是综合暂估价，即应当包括除规费、税金以外的管理费、利润等。

（3）计日工是为了解决现场发生的工程合同范围以外的零星工作或项目的计价而设立的。计日工对完成零星工作所消耗的人工工时、材料数量、机械台班进行计量，并按照计日工表中填报的适用项目的单价进行计价支付。

（4）总承包服务费是招标人要求总承包人对招标人发包的专业工程提供协调和配合服务，对供应的材料、设备提供收、发和保管服务以及对施工现场进行统一管理，对竣工资料进行统一汇总整理等发生并向承包人支付的费用。招标人按照投标人的投标报价支付该项费用。

（四）规费税金项目清单的编制

规费税金项目清单应按照规定的内容列项，计算基础和费率均应按国家或地方相关部门的规定执行。

三、招标控制价的编制

招标控制价是结合工程具体情况发布的招标工程的最高投标限价。国有资金投资的建筑工程招标的，应当设有最高投标限价；非国有资金投资的建筑工程招标的，可以设有最高投标限价或者招标标底。

（一）编制招标控制价的规定

（1）国有资金投资的工程建设项目应实行工程量清单招标，招标人应编制招标控制价，并

应当拒绝高于招标控制价的投标报价。

(2) 工程造价咨询人不得同时接受招标人和投标人对同一工程的招标控制价和投标报价的编制。

(3) 招标控制价应在招标文件中公布，对所编制的招标控制价不得进行上浮或下调。招标人应当在招标时公布招标控制价的总价，以及各单位工程的分部分项工程费、措施项目费、其他项目费、规费和税金。

(4) 招标控制价超过批准的概算时，招标人应将其报原概算审批部门审核。

(5) 招标投标监督机构和工程造价管理机构对招标控制价复查结论与原公布的招标控制价误差大于±3%时，应责成招标人改正。当重新公布招标控制价时，若重新公布之日起至原投标截止期不足15天的应延长投标截止期。

(6) 招标人应将招标控制价及有关资料报送工程造价管理机构备查。

(二) 招标控制价的编制依据

招标控制价的编制依据是指在编制招标控制价时需要进行工程量计量、价格确认、工程计价的有关参数、率值的确定等工作时所需的基础性资料，主要包括：

(1) 现行国家标准《建设工程工程量清单计价规范》(GB 50500—2013) 和相关工程的国家计量规范。

(2) 国家或省级、行业建设主管部门颁发的计价定额和办法。

(3) 建设工程设计文件及相关资料。

(4) 拟定的招标文件及招标工程量清单。

(5) 与建设项目相关的标准、规范、技术资料。

(6) 施工现场情况、工程特点及常规施工方案。

(7) 工程造价管理机构发布的工程造价信息，但工程造价信息没有发布的，参照市场价。

(8) 其他的相关资料。

(三) 招标控制价的编制内容

建设工程的招标控制价反映的是单位工程费用，各单位工程费用是由分部分项工程费、措施项目费、其他项目费、规费和税金组成。建设单位工程招标控制价计价程序(施工企业投标报价计价程序)见表4-1-6。

表4-1-6　建设单位工程招标控制价计价程序(施工企业投标报价计价程序)

工程名称：　　　　标段：　　　　第　页　共　页

序号	汇总内容	计算方法	金额/元
1	分部分项工程	按计价规定计算(或自主报价)	
1.1			
1.2			
2	措施项目	按计价规定计算(或自主报价)	
2.1	其中：安全文明施工费	按规定标准估算(或按规定标准计算)	
3	其他项目		
3.1	其中：暂列金额	按计价规定估算(或按招标文件提供金额计列)	

续表

序号	汇总内容	计算方法	金额/元
3.2	其中：专业工程暂估价	按计价规定估算（或按招标文件提供金额计列）	
3.3	其中：计日工	按计价规定估算（或自主报价）	
3.4	其中：总承包服务费	按计价规定估算（或自主报价）	
4	规费	按规定标准计算	
5	税金	（人工费＋材料费＋施工机具使用费＋企业管理费＋利润＋规费）×规定税率	
招标控制价/（投标报价）		合计＝（1）＋（2）＋（3）＋（4）＋（5）	

注：（1）采用的材料价格应是工程造价管理机构通过工程造价信息发布的材料价格，工程造价信息未发布材料单价的材料，其材料价格应通过市场调查确定。

（2）不可竞争的措施项目（主要是安全文明施工费）和规费、税金等费用的计算均属于强制性的条款，编制招标控制价时应按国家有关规定计算。

（3）对于竞争性的措施费用的确定，招标人应先编制常规的施工组织设计或施工方案，再进行合理确定措施项目与费用。

➤ **考分统计：**此部分内容是本章的重点，考试出题的频率较高（2018 年涉及相关考点），所占分值较大，也是新版大纲强调的内容。涉及内容一般是对招标文件编制的概念性问题，程序性问题，以及规则性问题，并不涉及计算类型题目，常常与招投标的程序的问题结合考察，涉及判断、挑错题目较多。本部分的知识点与第三章的工程计量与计价的应用有重合部分，只是考察的角度不同，考生可结合学习。

模块二：建设工程评标办法

知识点 4 常用评标办法的概念

一、经评审的最低投标价法

经评审的最低投标价法是指评标委员会对满足招标文件实质要求的投标文件，根据详细评审标准规定的量化因素及量化标准进行价格折算，按照经评审的投标价由低到高的顺序推荐中标候选人，或根据招标人授权直接确定中标人，但投标报价低于其成本的除外。经评审的投标价相等时，投标报价低的优先；投标报价也相等的，由招标人自行确定。

经评审的最低投标价法一般适用于具有通用技术、性能标准或者招标人对其技术、性能没有特殊要求的招标项目。能够满足招标文件的实质性要求，并经评审的最低投标价的投标，应当推荐为中标候选人。

➤ **注意：**经评审的投标价只是用评标的价格，是根据评标方法和标准进行折算过的价格，签订合同时的价格仍然以中标人的真实报价为准。

二、综合评估法

综合评估法是指评标委员会对满足招标文件实质性要求的投标文件，按照规定的评分标准

进行打分，并按得分由高到低顺序推荐中标候选人，或根据招标人授权直接确定中标人，但投标报价低于其成本的除外。综合评分相等时，以投标报价低的优先；投标报价也相等的，由招标人自行确定。

综合评估法适用于较复杂工程项目的评标，由于工程投资额大、工期长、技术复杂、涉及专业面广，施工过程中存在较多的不确定因素，因此，对投标文件评审比较的主导思想是选择价格功能比最好的投标单位，而不过分偏重于投标价格的高低。

➤ **考分统计：** 此部分内容不是本章的考试重点，常用评标办法的概念比较容易理解，考试出现纯粹考查概念性的问题较少见，一般是结合到招标程序的内容考查，所占分值不高。但此部分内容是评标办法计算题目的基础，只有理解了两种评标办法的基本思路，才能做好相关计算题。

知识点 5　评标办法的应用

评标办法的应用主要是指题目中要求应用经评审的最低投标价法或者综合评估法进行评标，此部分的关键是在考查对常用评标办法的理解和应用，考试时所有的条件均含在题目中，只要结合题目条件作答即可，没有任何公式需要记忆，因此对于善于理解不愿背概念的读者来说是比较容易得分的。考试时一定细心审题，注意题中个别条件的细微描述，避免因为看错题目条件而丢分。

➤ **考分统计：** 此部分内容是本章的重点，评标办法计算性的问题一般能占到三分之一的分值左右，但考试出题的频率不高。2017 年考题中出现了评标办法的计算题目，应该做重点掌握。本部分内容基本是以理解为主，不涉及硬性记忆的内容。将此部分作为单独知识点主要是考虑到此部分在考试中的重要性。

模块三：建设工程招投标方案与投标策略选择

知识点 6　投标策略及适用性

一、基本策略

投标报价的基本策略主要是指投标单位应根据招标项目的不同特点，并考虑自身的优势和劣势，选择不同的报价。

（一）可选择报高价的情形

施工条件差的工程（如条件艰苦、场地狭小或地处交通要道等）。专业要求高的技术密集型工程且投标单位在这方面有专长，声望也较高。总价低的小工程，以及投标单位不愿做而被邀请投标，又不便不投标的工程。特殊工程，如港口码头、地下开挖工程等；投标对手少的工程。工期要求紧的工程；支付条件不理想的工程。

（二）可选择报低价的情形

施工条件好的工程，工作简单、工程量大而其他投标人都可以做的工程（如大量土方工程、一般房屋建筑工程等）；投标单位急于打入某一市场、某一地区，或虽已在某一地区经营多年，但即将面临没有工程的情况，机械设备无工地转移时；附近有工程而本项目可利用该工程的设备、劳务或有条件短期内突击完成的工程；投标对手多，竞争激烈的工程；非急需工程；支付条件好的工程。

二、报价技巧

报价技巧的内容见表 4-3-1。

表 4-3-1 报价技巧

方法	内容
不平衡报价法	不平衡报价法是指在不影响工程总报价的前提下，通过调整内部各个项目的报价，以达到既不提高总报价、不影响中标，又能在结算时得到更理想的经济效益的报价方法。不平衡报价法适用于以下几种情况： (1) 能够早日结算的项目（如前期措施费、基础工程、土石方工程等）可以适当提高报价，以利资金周转，提高资金时间价值；后期工程项目（如设备安装、装饰工程等）的报价可适当降低 (2) 经过工程量核算，预计今后工程量会增加的项目，适当提高单价，这样在最终结算时可多盈利；而对于将来工程量有可能减少的项目，适当降低单价，这样在工程结算时不会有太大损失 (3) 设计图纸不明确、估计修改后工程量要增加的，可以提高单价；而工程内容说明不清楚的，则可降低一些单价，在工程实施阶段通过索赔再寻求提高单价的机会 (4) 对暂定项目要做具体分析：如果工程不分标，不会另由一家承包单位施工，则其中肯定要施工的单价可报高些，不一定要施工的则应报低些；如果工程分标，该暂定项目也可能由其他承包单位施工时，则不宜报高价，以免抬高总报价
不平衡报价法	(5) 单价与包干混合制合同中，招标人要求有些项目采用包干报价时，宜报高价。一则这类项目多半有风险，二则这类项目在完成后可全部按报价结算。对于其余单价项目，则可适当降低报价 (6) 有时招标文件要求投标人对工程量大的项目报“综合单价分析表”，投标时可将单价分析表中的人工费及机械设备费报高一些，而材料费报低一些。这主要是为了在今后补充项目报价时，可以参考选用“综合单价分析表”中较高的人工费和机械费，而材料则往往采用市场价，因而可获得较高的收益
多方案报价法	多方案报价法是指在投标文件中报两个价：一个是按招标文件的条件报一个价；另一个是加注解的报价，即：如果某条款做某些改动，报价可降低多少。这样，可降低总报价，吸引招标人 多方案报价法适用于招标文件中的工程范围不很明确，条款不很清楚或很不公正，或技术规范要求过于苛刻的工程。采用多方案报价法，可降低投标风险，但投标工作量较大
无利润报价法	对于缺乏竞争优势的承包单位，在不得已时可采用根本不考虑利润的报价方法，以获得中标机会。无利润报价法通常在下列情形时采用： (1) 有可能在中标后，将大部分工程分包给索价较低的一些分包商 (2) 对于分期建设的工程项目，先以低价获得首期工程，而后赢得机会创造第二期工程中的竞争优势，并在以后的工程实施中获得盈利 (3) 较长时期内，投标单位没有在建工程项目，如果再不中标，就难以维持生存。因此，虽然本工程无利可图，但只要能有一定的管理费维持公司的日常运转，就可设法度过暂时困难，以图将来东山再起

续表

方法	内容
突然降价法	突然降价法是指先按一般情况报价或表现出自己对该工程兴趣不大，等快到投标截止时，再突然降价。采用突然降价法可以迷惑对手，提高中标概率。但对投标单位的分析判断和决策能力要求很高，要求投标单位能全面掌握和分析信息，做出正确判断
其他报价技巧	(1) 计日工单价的报价。如果是单纯报计日工单价，且不计入总报价中，则可报高些，以便在建设单位额外用工或使用施工机械时多盈利。但如果计日工单价要计入总报价时，则需具体分析是否报高价，以免抬高总报价。总之，要分析建设单位在开工后可能使用的计日工数量，再来确定报价策略 (2) 暂定金额的报价。暂定金额的报价有以下三种情形： 1) 招标单位规定了暂定金额的分项内容和暂定总价款，并规定所有投标单位都必须在总报价中加入这笔固定金额，但由于分项工程量不很准确，允许将来按投标单位所报单价和实际完成的工程量付款。这种情况下，由于暂定总价款是固定的，对各投标单位的总报价水平竞争力没有任何影响，因此，投标时应适当提高暂定金额的单价 2) 招标单位列出了暂定金额的项目和数量，但并没有限制这些工程量的估算总价，要求投标单位既列出单价，又应按暂定项目的数量计算总价，当将来结算付款时可按实际完成的工程量和所报单价支付。这种情况下，投标单位必须慎重考虑。如果单价定得高，与其他工程量计价一样，将会增大总报价，影响投标报价的竞争力；如果单价定得低，将来这类工程量增大，会影响收益。一般来说，这类工程量可以采用正常价格。如果投标单位估计今后实际工程量肯定会增大，则可适当提高单价，以在将来增加额外收益 3) 只有暂定金额的一笔固定总金额，将来这笔金额做什么用，由招标单位确定。这种情况对投标竞争没有实际意义，按招标文件要求将规定的暂定金额列入总报价即可 (3) 可供选择项目的报价。有些工程项目的分项工程，招标单位可能要求按某一方案报价，而后再提供几种可供选择方案的比较报价。投标时，对于将来有可能被选择使用的规格应适当提高其报价；对于技术难度大或其他原因导致的难以实现的规格，可将价格有意抬高得更多一些，以阻挠招标单位选用 (4) 增加建议方案。招标文件中有时规定，可提一个建议方案，即可以修改原设计方案，提出投标单位的方案。投标单位应抓住机会，提出更为合理的方案以吸引建设单位，促成自己的方案中标。但对原招标方案一定也要报价。建议方案不要写得太具体，要保留方案的技术关键，防止招标单位将此方案交给其他投标单位 (5) 采用分包商的报价。总承包商通常应在投标前先取得分包商的报价，并增加总承包商摊入的管理费，将其作为自己投标总价的一个组成部分一并列填报价单中 (6) 许诺优惠条件。在投标时主动提出提前竣工、低息贷款、赠予施工设备、免费转让新技术或某种技术专利、免费技术协作、代为培训人员等，均是吸引招标单位、利于中标的辅助手段

➤ **考分统计**：此部分是本章的非重点内容，多以判断题或者问答题的形式出现，比如要求判断题目背景中使用的投标报价策略是什么，是否适合。此部分内容的出题频率并不高，近年来并没有直接涉及相关知识点的考题出现，但随着考试出题形式的更加综合，更加巧妙的形

式，不能排除将其考点与其他考点结合考查，2018年的考题中，就涉及到相关知识点的描述。掌握此部分内容不但是考试大纲的要求，对我们理解题目背景也是有一定帮助的。建议做一般性的理解即可。

知识点 7 决策树方法及运用经济技术指标进行招投标方案决策

扫码听课

一、决策树方式进行招标投标方案选择

运用决策树方法进行招投标方案的评价，是在已知各种情况发生概率及损益值的基础上，通过构成决策树来求取各个机会点的期望值，从而评价项目最优方案的方法，是直观运用概率分析的一种图解法。

决策树是以方框和圆圈为结点，并由直线连接而成的一种像树枝形状的结构，其中方框代表决策点，圆圈代表机会点；从决策点引出的每条线（枝）代表一个方案，叫做方案枝，从机会点画出的每条线（枝）代表一种自然状态及其发生概率的大小，叫做概率枝。在各树枝的末端列出状态的损益值。决策树一般由决策点（□）、机会点（○）、方案枝、概率枝等组成。

运用决策树方法进行投标方案选优的解题思路：

（1）绘制决策树。决策树的绘制应从左向右绘制，从决策点到机会点，再到各树枝的末端。在树枝末端标上指标的期望值，在相应的树枝上标上该指标期望值所发生的概率。

（2）计算各个方案的期望值。决策树的计算应从右向左，从最后的树枝所连接的机会点，到上一个树枝连接的机会点，最后到最左边的机会点，其每一步的计算采用概率的形式，当与资金时间价值有关系时，要考虑资金时间价值。

（3）方案选择。根据各方案期望值相比较，期望值大的方案为最优方案。根据各方案期望值大小进行选择，在收益期望值小的方案分支上画上删除号，表示删去。所保留下来的分支即为最优方案。

决策树分析是方案评价投标方案选择时应注意以下问题：

1）决策树枝尾的损益值需要根据工程造价计算的具体要求确定。

2）状态概率计算时应注意同一方案在不同状态下状态概率总和为1。

3）决策树分析可以分成单阶段和多阶段，不同阶段的方案与各阶段的方形节点关联。

4）决策树分析使用时要和资金时间价值分析相结合。

二、运用经济技术指标进行招投标方案决策

主要指考题中设置多个招投标方案条件，要求考生在考虑资金时间价值的基础上，以相应的经济技术指标做出方案的最优判断，类似第二章采用经济技术指标进行方案选优的题型，一般采用的指标如净现值、费用现值等。

➤ **考分统计**：此部分是本章的非重点内容，多以判断题或者问答题的形式出现，比如要求判断题目背景中使用的投标报价策略是什么，是否适合。此部分内容的出题频率并不高，近年来并没有直接涉及相关知识点的考题出现，但作为大纲要求掌握的基本考点，还是需要掌握的，随着考试出题形式的更加综合，更加巧妙的形式，不能排除将其考点与其他考点结合考察，2018年的考题中，就涉及到相关知识点的描述，掌握此部分内容不但是考试大纲的要求，同时，对我们理解题目背景也是有一定帮助的。

典型例题

1.【2019 真题】某工程，业主采用公开招标方式选择施工单位，委托具有工程造价咨询资质的机构编制了该项目的招标文件和最高投标限价（最高投标限价 600 万元，其中暂列金额为 50 万元）。该招标文件规定，评标采用经评审的最低投标价法。A、B、C、D、E、F、G 共 7 家企业通过了资格预审（其中，D 企业为 D、D_1 企业组成的联合体），且均在投标截止日前提交了投标文件。

A 企业结合自身情况和投标经验，认为该工程项目投高价标的中标概率为 40%，投低价标的中标概率为 60%；投高价标中标后，收益效果好、中、差三种可能性的概率分别为 30%、60%、10%，计入投标费用后的净损益值分别为 40 万元、35 万元、30 万元；投低价标中标后，收益效果好、中、差三种可能性的概率分别为 15%、60%、25%，计入投标费用后的净损益值分别为 30 万元、25 万元、20 万元；投标发生的相关费用为 5 万元。A 企业经测算、评估后，最终选择了投低价标，投标价为 500 万元。

在该工程项目开标、评标、合同签订与执行过程中发生了以下事件：

事件 1：B 企业的投标报价为 560 万元，其中暂列金额为 60 万元。

事件 2：C 企业的投标报价为 550 万元，其中对招标工程量清单中的“照明开关”项目未填报单价和合价。

事件 3：D 企业的投标报价为 530 万元，为增加竞争实力，投标时联合体成员变更为 D、D_1、D_2 企业组成。

事件 4：评标委员会按招标文件评标办法对各投标企业的投标文件进行了价格评审，A 企业经评审的投标价最低，最终被推荐为中标单位。合同签订前，业主与 A 企业进行了合同谈判，要求在合同中增加一项原招标文件中未包括的零星工程，合同额相应增加 15 万元。

事件 5：A 企业与业主签订合同后，又在外地中标了某大型工程项目，遂选择将本项目全部工作转让给了 B 企业，B 企业又将其中 1/3 工程量分包给了 C 企业。

【问题】

1. 绘制 A 企业投标决策树，列式计算并说明 A 企业选择投低价标是否合理。

2. 根据现行《招标投标法》《招标投标法实施条例》和《建设工程工程量清单计价规范》，逐一分析事件 1～3 中各企业的投标文件是否有效，分别说明理由。

3. 分析事件 4 中业主的做法是否妥当，并说明理由。

4. 分析事件 5 中 A、B 企业做法是否正确，分别说明理由。

【参考答案】

问题 1：

（1）绘制出的决策树如图 4-D-1 所示。

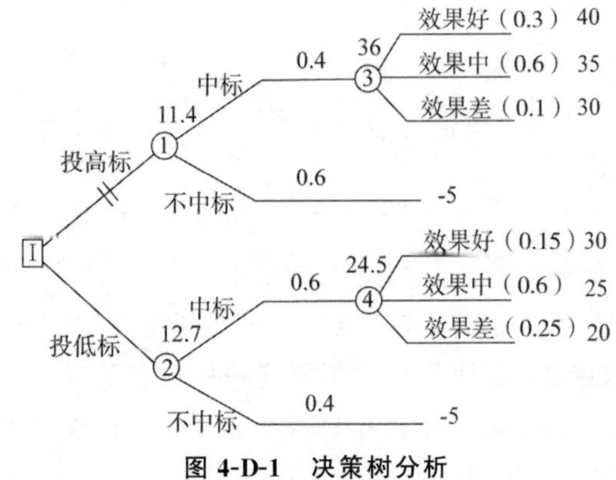

图 4-D-1　决策树分析

（2）计算期望值：

机会点③期望值＝40×30％＋35×60％＋30×10％＝36.00（万元）；

机会点④期望值＝30×15％＋25×60％＋20×25％＝24.50（万元）；

机会点①期望值＝36×40％－5×60％＝11.40（万元）；

机会点②期望值＝24.5×60％－5×40％＝12.70（万元）。

由于投低标的机会点②期望值12.7万元＞投高标的机会点①期望利润11.4万元，所以A企业选择投低标合理。

【点拨】本题考查知识点7：决策树方法及运用经济技术指标进行招投标方案决策——决策树的计算。

问题2：

（1）事件1中B企业投标文件为无效标。

理由：B企业投标报价中暂列金额为60万元，没有按照招标文件中的50万暂列金额进行报价，即没有响应招标文件的实质性要求，不符合《建设工程工程量清单计价规范》要求。

（2）事件2中C企业投标文件为有效标。

理由：根据《建设工程工程量清单计价规范》的规定，C企业在报价中未对招标工程量清单中的“照明开关”项目填报单价和合价，认为此项目不涉及费用或已经将相关费用报到其他项目综合单价中了。此项目在工程款结算时不予另行结算，但投标文件是有效的。

（3）事件3中D企业的投标文件为无效标。

理由：根据《招标投标法实施条例》，通过联合体资格预审后联合体成员不得变动，增减、更换成员的，其投标无效。

【点拨】本题考查知识点3：工程招投标文件的编制；知识点2：工程招标投标程序——联合体投标。

问题3：

事件4中业主的做法不妥。

理由：根据《招标投标法》和《招标投标法实施条例》，业主应当与A企业依据中标人的投标文件和招标文件签订合同，合同的标的、价款、质量、履行期限等主要条款应当与招标文件和中标人的投标文件的内容一致。招标人和中标人不得再行订立背离合同实质性内容的其他协议。

【点拨】本题考查知识点2：工程招标投标程序——签订合同。

问题4：

（1）A企业做法不正确。

理由：根据《招标投标法》，中标人不得向他人转让中标项目，也不得将中标项目肢解后分别向他人转让，A企业将本项目全部工作转让给B企业，属于违法转包。

（2）B企业做法不正确。

理由：根据《招标投标法》，中标人按照合同约定或者经招标人同意，可以将中标项目的部分非主体、非关键性工作分包给他人完成。接受分包的人应当具备相应的资格条件，并不得再次分包。B企业违法接受转包后又将1/3工程分包给C企业属于违法分包。

【点拨】本题考查知识点2：工程招标投标程序——分包要求。

2.**【2018年真题】**某依法必须公开招标的国有资金投资建设项目，采用工程量清单计价

方式进行施工招标，业主委托具有相应资质的某咨询企业编制了招标文件和最高投标限价。

招标文件部分规定或内容如下：

(1) 投标有效期自投标人递交投标文件时开始计算。

(2) 评标方法采用经评审的最低投标价法；招标人将在开标后公布可接受的项目最低投标报价或最低投标报价测算方法。

(3) 投标人应当对招标人提供的工程量清单进行复核。

(4) 招标工程量清单中给出的“计日工表（局部）”，见表4-D-1。

表4-D-1　计日工表

工程名称：××××　　　　标段：××××　　　　第×页　　共×页

编号	项目名称	单位	暂定数量	实际数量	综合单价/元	金额/元	
						暂定	实际
一	人工						
1	建筑与装饰工程普工	工日	1		120		
2	混凝土工、抹灰工、砌筑工	工日	1		160		
3	木工、模板工	工日	1		180		
4	钢筋工、架子工	工日	1		170		
人工小计							
二	材料						
…	…	…	…				

在编制最高投标限价时，由于某分项工程使用了一种新型材料，定额及造价信息均无该材料消耗量和价格的信息。编制人员按照理论计算法计算了材料净用量，并以此净用量乘以向材料生产厂家询价确认的材料出厂价格，得到该分项工程综合单价中新型材料的材料费。

在投标和评标的过程中，发生了下列事件：

事件1：投标人A发现分部分项工程量清单中某分项工程特征描述和图纸不符。

事件2：投标人B的投标文件中，有一工程量较大的分部分项工程量清单项目未填写单价与合价。

【问题】

1. 分别指出招标文件中(1)～(4)项的规定或内容是否妥当？并说明理由。

2. 编制最高投标限价时，编制人员确定综合单价中新型材料费的方法是否正确？并说明理由。

3. 针对事件1，投标人A应如何处理？

4. 针对事件2，评标委员会是否可否决投标人B的投标？并说明理由。

【参考答案】

问题1：

招标文件中的(1)项内容“投标有效期自投标人递交投标文件时开始计算”不妥。

理由：投标有效期应从提交投标文件的截止之日起计算。

招标文件中的（2）项内容“招标人将在开标后公布可接受的项目最低投标报价或最低投标报价测算方法”不妥。

理由：招标人设有最高投标限价的，应当在招标文明中明确最高投标限价或者最高投标限价的计算方法，招标人不得规定最低投标限价。

招标文件中的（3）项内容“投标人应当对招标人提供的工程量清单进行复核”妥当。

理由：工程量清单作为招标文件的组成部分，是由招标人提供的，工程量的大小是投标报价最直接的依据。复核工程量的准确程度，将影响承包商的经营行为。投标人复核工程量可以根据复核后的工程量与招标文件提供的工程量之间的差距，考虑相应的投标策略，决定报价尺度；根据工程量的大小采取合适的施工方法。选择适用、经济的施工机具设备、投入使用相应的劳动力数量等。

招标文件中的（4）项内容“计日工表格中综合单价由招标人填写”不妥。

理由：招标工程量清单中的计日工表，综合单价应由投标人自主报价，按暂定数量计算合价计入投标总价中。结算时，按发承包双方确认的实际数量计算合计。本题是招标工程量清单，不是招标控制价的编制，所以不应该由招标人填写。

【点拨】本题是典型的以判断改错题的形式考查知识点2：工程招投标程序。

本题考查知识点3：工程招标文件的编制（新版大纲强调的内容）。

问题2：

编制最高投标限价时，编制人员确定综合单价中新型材料的材料费方法不正确。编制人员按照理论计算法计算了材料净用量后，还应根据施工方法确定损耗率（损耗量），用材料净用量加上损耗量，从而确定材料的消耗量。在向材料生产厂家询价确认的材料出厂价格后，还应考虑运杂费、运输损耗、采购及仓库保管费等费用，从而确定材料单价。应以分项工程中清单项目单位工程量中的材料消耗量乘以按上述方法确定的材料单价得到此分项工程的综合单价中新型材料的材料费。

【点拨】本题考查知识点3：工程招标文件的编制（新版大纲强调的内容）。

问题3：

针对事件1，投标人A可以在规定的时间内向招标人书面提出质疑，要求招标人澄清，按澄清后的内容确定投标报价的综合单价，或直接以招标工程量清单的特征描述为准，确定投标报价的综合单价。

【点拨】本题考查知识点2：工程招投标程序中有关投标报价的内容。

问题4：

针对事件2，评标委员会不可否决投标人B的投标。投标人B的投标文件中有一工程量较大的分部分项工程量清单项目未填写单价与合价，应视为此部分工程不涉及工程费用的发生或此部分工程费用已经含在其他项目的报价中。

【点拨】本题考查知识点2：工程招投标程序中有关评标委员会评标及投标报价的内容。

3.**【2017年真题】**国有资金投资依法必须公开招标的某建设项目，采用工程量清单计价方式进行施工招标，招标控制价为3568万元，其中暂列金额280万元，招标文件中规定：

（1）投标有效期90天，投标保证金有效期与其一致。

（2）投标报价不得低于企业平均成本。

（3）近三年施工完成或在建的合同价超过2000万元的类似工程项目不少于3个。

（4）合同履行期间，综合单价在任何市场波动和政策变化下均不得调整。

（5）缺陷责任期为3年，期满后退还预留的质量保证金。

投标过程中，投标人F在开标前1小时口头告知招标人，撤回了已提交的投标文件，要求招标人3日内退还其投标保证金。

除F外还有A、B、C、D、E五个投标人参加了投标，其总报价（万元）分别为：3489、3470、3358、3209、3542。评标过程中，投标委员会发现投标人B的暂列金额按260万元计取，且对招标清单中的材料暂估单价均下调5%后计入报价；发现投标人E报价中混凝土梁的综合单价为700元/m^3，招标清单工程量为520m^3，合价为36400元。其他投标人的投标文件均符合要求。

招标文件中规定的评分标准如下：商务标中的总报价评分占60分，有效报价的算术平均数为评标基准价，报价等于评标基准价者得满分（60分），在此基础上，报价比评标基准价每下降1%，扣1分；每上升1%，扣2分。

【问题】

1. 请逐一分析招标文件中规定的（1）～（5）项内容是否妥当，并对不妥之处分别说明理由。

2. 请指出投标人F行为的不妥之处，并说明理由。

3. 针对投标人B、投标人E的报价，评标委员会应分别如何处理？说明理由。

4. 计算各有效报价投标人的总报价得分。

（计算结果保留两位小数）

【参考答案】

问题1：

（1）招标文件中第（1）项内容妥当。

（2）招标文件中第（2）项内容不妥。

理由：投标报价不得低于成本价，并不是低于企业的平均成本。

（3）招标文件中第（3）项内容妥当。

（4）招标文件中第（4）项内容不妥。

理由：对于主要由市场价格波动导致的价格风险，发承包双方应在招标文件中或在合同中对此类风险的范围和幅度予以明确约定，进行合理分摊。法律、法规等政策性变化，由发包人承担，承包人不应承担此类风险。

（5）招标文件中第（5）项内容不妥。

理由：缺陷责任期一般为半年或1年，最长不超过2年。招标文件中规定3年不妥。

【点拨】本题是典型的以判断改错题的形式考查知识点2：工程招投标程序。

问题2：

投标人F行为的不妥之处：

（1）“投标人F在开标前1小时口头告知招标人”不妥。

理由：投标人撤回已提交的投标文件，应当在投标截止时间前书面通知招标人。

（2）“要求招标人3日内退还其投标保证金”不妥。

理由：投标人撤回已提交的投标文件，应当在投标截止时间前书面通知招标人。招标人已收取投标保证金的，应当自收到投标人书面撤回通知之日起5日内退还。

【点拨】本题考查知识点 2：工程招投标程序有关投标人撤回标书后投标保证金的处理问题。

问题 3：

(1) 针对投标人 B 的报价，评标委员会应作废标处理。

理由：因为投标人应按照招标人提供的暂列金额、暂估价进行投标报价，不得变动和更改。投标人 B 的投标报价中，暂列金额、材料暂估价没有按照招标文件的要求填写，未在实质上响应招标文件，故应作为废标处理。

(2) 针对投标人 E 的报价，评标委员会应作废标处理。

理由：投标人 E 的混凝土梁的报价中，单价与总价不符，评标委员会应以单价金额为准修正总价，并请投标单位确认。修正后混凝土梁的总价为 700×520/10000＝36.4（万元），则投标人 E 经修正后的报价＝3542＋（36.4－3.64）＝3574.76（万元），高于招标控制价 3568 万元，故应作废标处理。

【点拨】本题考查知识点 2：工程招投标程序有关评标的内容和知识点 3 工程招标文件编制中有关最高投标限价的问题。

问题 4：

有效投标共 3 家单位：分别为投标人 A（3489 万元）、投标人 C（3358 万元）、投标人 D（3209 万元）。

有效报价算数平均数＝（3489＋3358＋3209）/3＝3352（万元）。

A 投标人总报价得分：（3489－3352）/3352＝4.09％，60－4.09％×2＝51.82（分）。

C 投标人总报价得分：（3358－3352）/3352＝0.18％，60－0.18％×2＝59.64（分）。

D 投标人总报价得分：（3352－3209）/3352＝4.27％，60－4.27％×1＝55.73（分）。

【点拨】本题考查知识点 5：评标办法（综合评估法）的具体应用问题。

4. **【2016 年真题】** 某国有资金投资建设项目，采用公开招标方式进行施工招标，业主委托具有相应招标代理和造价咨询资质的中介机构编制了招标文件和招标控制价。

该项目招标文件包括如下规定：

(1) 招标人不组织项目现场踏勘活动。

(2) 投标人对招标文件有异议的，应当在投标截止时间 10 日前提出，否则招标人拒绝回复。

(3) 投标人报价时必须采用当地建设行政管理部门造价管理机构发布的计价定额中分部分项工程人工、材料、机械台班消耗量标准。

(4) 招标人将聘请第三方造价咨询机构在开标后评标前开展清标活动。

(5) 投标人报价低于招标控制价幅度超过 30％的，投标人在评标时须向评标委员会说明报价较低的理由，并提供证据；投标人不能说明理由，提供证据的，将认定为废标。

在项目的投标及评标过程中发生了以下事件；

事件 1：投标人 A 为外地企业，对项目所在区域不熟悉，向招标人申请希望招标人安排一名工作人员陪同踏勘现场，招标人同意安排一位普通工作人员陪同投标人踏勘现场。

事件 2：清标时发现，投标人 A 和投标人 B 的总价和所有分部分项工程综合单价相差相同的比例。

事件 3：通过市场调查，工程量清单中某材料暂估单价与市场调查价格有较大偏差，为

规避风险，投标人C在投标报价计算相关分部分项工程项目综合单价时采用了该材料市场调查的实际价格。

事件4：评标委员会某成员认为投标人D与招标人曾经在多个项目上合作过，从有利于招标人的角度，建议优选选择投标人D为中标候选人。

【问题】

1. 请逐一分析项目招标文件包括的（1）～（5）项规定是否妥当，并分别说明理由。

2. 事件1中，招标人的做法是否妥当？说明理由。

3. 针对事件2，评标委员会应该如何处理？说明理由。

4. 事件3中，投标人C的做法是否妥当？说明理由。

5. 事件4中，该评标委员会成员的做法是否妥当？说明理由。

【参考答案】

问题1：

（1）项目招标文件中第（1）项规定妥当。

理由：根据《招标投标法》的规定，招标人根据招标项目的具体情况，可以组织潜在投标人踏勘项目现场。因此招标人可以不组织项目现场踏勘。

（2）项目招标文件中第（2）项规定妥当。

理由：根据《招投标法实施条例》的规定，潜在投标人或者其他利害关系人对资格预审文件有异议的，应当在提交资格预审申请文件截止时间2日前提出；对招标文件有异议的，应当在投标截止时间10日前提出。招标人应当自收到异议之日起3日内作出答复；作出答复前，应当暂停招标投标活动。

（3）项目招标文件中第（3）项规定不妥当。

理由：根据《建设工程工程清单计价规范》的规定，投标报价由投标人自主确定，招标人不能要求投标人采用指定的人、材、机消耗量标准。

（4）项目招标文件中第（4）项规定妥当。

理由：根据《建设工程造价咨询成果文件质量标准》的规定，清标工作组应该由招标人选派或者邀请熟悉招标工程项目情况和招标投标程序、专业水平和职业素质较高的专业人员组成，招标人也可以委托工程招标代理单位、工程造价咨询单位或者监理单位组织具备相应条件的人员组成清标工作组。

（5）项目招标文件中第（5）项规定不妥当，不能将因为低于招标控制价一定比例且不能说明理由作为废标的条件。

理由：根据《评标委员会和评标方法暂行规定》的规定，在评标过程中，评标委员会发现投标人的报价明显低于其他投标报价或者在设有标底时明显低于标底的，使得其投标报价可能低于其个别成本的，应当要求该投标人作出书面说明并提供相关证明材料。投标人不能合理说明或者不能提供相关证明材料的，由评标委员会认定该投标人以低于成本报价竞标，其投标应作为废标处理。

【点拨】本题是典型的以判断改错题的形式考查知识点2：工程招投标程序。

问题2：

事件1中，招标人的做法不妥当。

理由：根据《招投标法实施条例》的规定，招标人不得组织单人或部分潜在投标人踏勘项目现场，因此招标人不能安排一名工作人员陪同勘查现场。

【点拨】本题考查知识点2：工程招投标程序有关现场踏勘的问题。

问题3：

评标委员会应该将投标人A和B的投标文件做为废标处理。

理由：因为根据相关文件规定，不同投标人的投标文件异常一致或者投标报价呈规律性差异的，视为投标人相互串通投标，应做废标处理。

【点拨】本题考查知识点2：工程招投标程序有关评标中废标的问题。

问题4：

投标人C的做法不妥当。

理由：根据《建设工程工程清单计价规范》的规定，当招标人提供的其他项目清单中列示了材料暂估价时，应根据招标人提供的价格计算材料费，并在分部分项工程量清单与计价表中表现出来。材料（工程设备）暂估价不变动和更改。

【点拨】本题考查知识点3：工程招（投）标文件的编制问题。

问题5：

该评标委员会的做法不妥当。

理由：根据《招投标法实施条例》的规定，评标委员会成员应当按照招标文件规定的评标标准和方法，客观、公正地对投标文件提出评审意见。招标文件没有规定的评标标准和方法不得作为评标的依据。

【点拨】本题考查知识点2：工程招投标程序。

本章同步训练

试题一

某国有资金投资办公楼建设项目，业主委托某具有相应招标代理和造价咨询资质的招标代理机构编制该项目的招标控制价，并采用公开招标方式进行项目施工招标。招标投标过程中发生以下事件：

事件1：招标代理人确定的自招标文件出售之日起至停止出售之日止的时间为10日；投标有效期自开始发售招标文件之日起计算，招标文件确定的投标有效期为30天。

事件2：为了加大竞争，以减少可能的目标而导致竞争不足，招标人（业主）要求招标代理人对已根据计价规范、行业主管部门颁发的计价定额、工程量清单、工程造价管理机构发布的造价信息或市场造价信息等资料编制好的招标控制价再下浮10%，并仅公布了招标控制价总价。

事件3：招标人（业主）要求招标代理人在编制招标文件中的合同条款时不得有针对市场价格波动的调价条款，以便减少未来施工过程中的变更，控制工程造价。

事件4：应潜在投标人的请求，招标人组织最具竞争力的一个潜在投标人踏勘项目现场，并在现场口头解答了该潜在投标人提出的疑问。

事件5：评标中，评标委员会发现某投标人的报价明显低于其他投标人的报价。

【问题】

1. 指出事件1中的不妥之处，并说明理由。
2. 指出事件2中招标人行为的不妥之处，并说明理由。
3. 指出事件3中招标人行为的不妥之处，并说明理由。
4. 指出事件4中招标人行为的不妥之处，并说明理由。
5. 针对事件5，评标委员会应如何处理？

试题二

某国有资金投资占控股地位的公用建设项目，施工图设计文件已经相关行政主管部门批准，建设单位采用了公开招标方式进行施工招标。

招标过程中部分工作内容如下：

1.2008年3月1日发布该工程项目的施工招标公告，其内容如下：

(1) 招标单位的名称和地址。

(2) 招标项目的内容、规模、工期和质量要求。

(3) 招标项目的实施地点，资金来源和评标标准。

(4) 施工单位应具有二级及以上施工总承包企业资质，且近三年获得两项以上本市优质工程奖。

(5) 获得资格预审文件的时间、地点和费用。

2.2008年4月1日招标人向通过资格预审的A、B、C、D、E五家施工单位发售了招标文件，各施工单位按招标单位的要求在领取招标文件的同时提交了投标保函，在同一张表格上进行了登记签收，招标文件中的评标标准如下：

(1) 该项目的要求工期不超过18个月。

(2) 对各投标报价进行初步评审时，若最低报价低于有效标书的次低报价15%及以上，视为最低报价低于其成本价。

(3) 在详细评审时，对有效标书的各投标单位自报工期比要求工期每提前1个月给业主带来的提前投产效益按40万元计算。

(4) 经初步评审后确定的有效标书在详细评审时，除报价外，只考虑将工期折算为货币，不再考虑其他评审要素。

3. 投标单位的投标情况如下：

A、B、C、D、E五家投标单位均在招标文件规定的投标截止时间前提交了投标文件。在开标会议上招标人宣读了各投标文件的主要内容，见表4-T-1。

表4-T-1　投标主要内容汇总表

投标人	基础工程		结构工程		装修工程		结构工程与装修工程搭接时间/个月
	报价/万元	工期/个月	报价/万元	工期/个月	报价/万元	工期/个月	
A	420	4	1000	10	800	6	0
B	390	3	1080	9	960	6	2
C	420	3	1100	10	1000	5	3
D	480	4	1040	9	1000	5	1
E	380	4	800	10	800	6	2

【问题】

1. 指出上述招标公告中的各项内容中的不妥之处，并说明理由。

2. 指出招标人在发售招标文件过程中的不妥之处，并说明理由。

3. 通过评审各投标人的自报工期和标价，判别投标文件是否有效。

4. 以考虑工期提前给业主带来效益后的综合报价从低到高确定2名中标候选人。

试题三

某国内施工企业计划投标一项市政工程，经企业相关技术人员分析，确定投标方案有：

(1) 与其他企业组成联合体进行投标，中标概率0.6。

(2) 总分包模式投标，中标后将部分工程分包给其他企业实施，中标概率 0.5。

(3) 独立承包，全部工程由企业组织实施，中标概率 0.4。

上述方案三种方案如不中标，均损失投标费用 5 万元，若中标，各自的效果、概率及盈利水平见表 4-T-2。

表 4-T-2　各种承包方式的效果、概率及盈利水平表

承包方式	效果	概率	盈利/万元
联合体承包	好	0.3	150
	中	0.4	100
	差	0.3	50
总分包	好	0.5	200
	中	0.3	150
	差	0.2	100
独立承包	好	0.2	300
	中	0.5	150
	差	0.3	−50

【问题】

请运用决策树方法决定采用何种承包方式投标。

(各机会点的期望值应列式计算，计算结果取整数)

>>> 参考答案 <<<

试题一

问题 1：

(1) 不妥之处一：投标有效期自开始发售招标文件之日起计算。

理由：投标有效期应从投标人提交投标文件截止之日起计算。

(2) 不妥之处二：招标文件确定的投标有效期为 30 天。

理由：确定投标有效期应考虑评标所需时间、确定中标人所需时间和签订合同所需时间，一般项目投标有效期为 60～90 天，大型项目 120 天左右。

问题 2：

(1) 不妥之处一：招标人要求招标控制价下浮 10%。

理由：根据《建设工程工程量清单计价规范》(GB 50500—2013) 有关规定，招标控制价应在招标时公布，不应上调或下浮。

(2) 不妥之处二：仅公布了招标控制价总价。

理由：招标人在公布招标控制价时，应公布招标控制价各组成部分的详细内容，不得只公布招标控制价总价。

问题 3：

不妥之处：招标人要求合同条款中不得有针对市场价格波动的调价条款。

理由：根据相关规定，双方签订合同时，应明确承包人承担风险的范围，合同中应有关于价格调整的相关条款。

问题 4：

(1) 不妥之处一：招标人组织最具竞争力的一个潜在投标人踏勘项目现场。

理由：招标人不得单独或者分别组织任何一个投标人进行现场踏勘。

(2) 不妥之处二：招标人在现场口头解答了潜在投标人提出的疑问。

理由：招标人应以书面形式进行解答，并将解答以书面形式同时送达所有获得招标文件的投标人。

问题5：

评标委员会应当要求该投标人做出书面说明并提供相关证明材料。投标人不能合理说明或者不能提供相关证明材料的，由评标委员会认定该投标人以低于成本报价竞标，其投标应作为废标处理。

试题二

问题1：

(1) 不妥之处一：招标项目的质量要求不妥。

理由：质量要求应在招标文件中提出。

(2) 不妥之处二：招标项目的评标标准不妥。

理由：评标标准应出现在招标文件中。

(3) 不妥之处三：应在近三年获得两项以上本市优质工程奖不妥当。

理由：这是对潜在投标人的歧视限制条件。

问题2：

(1) 不妥之处一：要求在领取招标文件的同时提交投标保函不妥。

理由：应要求投标人递交投标文件时或在投标截止时间前提交投标保函。

(2) 不妥之处二：各施工单位在同一张表格上进行了登记签收不妥。

理由：这样做可能泄露其他潜在投标人的名称和数量等信息。

问题3：

(1) A投标人：工期＝4＋10＋6＝20（个月）；报价＝420＋1000＋800＝2220（万元）。因工期超过18个月，投标文件无效。

(2) B投标人：工期＝3＋9＋6－2＝16（个月）；报价＝390＋1080＋960＝2430（万元）。投标文件有效。

(3) C投标人：工期＝3＋10＋5－3＝15（个月）；报价＝420＋1100＋1000＝2520（万元）。投标文件有效。

(4) D投标人：工期＝4＋9＋5－1＝17（个月）；报价＝480＋1040＋1000＝2520（万元）。投标文件有效。

(5) E投标人：工期＝4＋10＋6－2＝18（个月）；报价＝380＋800＋800＝1980（万元）。E的报价最低，B的报价次低，两者之差＝（2430－1980）/2430＝18.5%＞15%，投标文件无效。

问题4：

(1) B投标人：2430－（18－16）×40＝2350（万元）。

(2) C投标人：2520－（18－15）×40＝2400（万元）。

(3) D投标人：2520－（18－17）×40＝2480（万元）。

第一中标候选人为B投标人；第二中标候选人为C投标人。

试题三：

(1) 画出决策树，标明各方案的概率和盈利值。

本题决策树如图 4-T-1 所示。

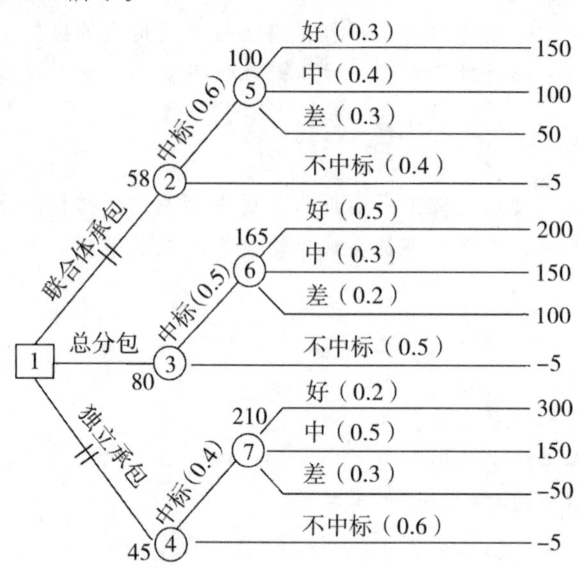

图 4-T-1　决策树

(2) 计算图中各机会点的期望值。

点⑤：150×0.3＋100×0.4＋50×0.3＝100（万元）。

点②：100×0.6－5×0.4＝58（万元）。

点⑥：200×0.5＋150×0.3＋100×0.2＝165（万元）。

点③：165×0.5－5×0.5＝80（万元）。

点⑦：300×0.5＋150×0.5－50×0.3＝210（万元）。

点④：120×0.4－5×0.6＝45（万元）。

(3) 选择最优方案。

因为点③期望值最大，故应以总分包的承包方式投标。

第五章　工程合同价款管理

建设工程发承包双方应在合同中约定合同价款。在工程施工阶段，由于项目实际情况的变化，可能会发生价款的调整、变更和索赔等。本章主要包括建设工程施工合同、合同价款的调整、变更及工程索赔知识点，要求考生正确识别合同类型，准确分析工程索赔时事件发生的责任主体，确定索赔的内容（工期索赔、费用索赔）。

第五章在考试中对应试题四（2019 真题对应试题三），共计 20 分。工程索赔内容在近些年试题中增加考查比重，同时难度也有略微增加，但出题模式比较固定，解题技巧容易掌握，所以得分率相对其他试题还是较高的。对于此章知识点重在理解、灵活应用、掌握解题技巧。

知识脉络

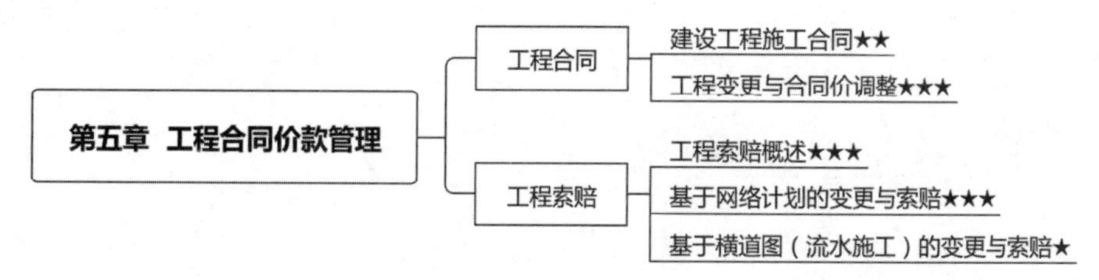

考情分析

近四年真题分值分布表　（单位：分）

模块	知识点	近四年考查情况		分值
		年份	考查知识点	
模块一：工程合同	知识点 1：建设工程施工合同	2019	—	0
		2018	施工质量和检验	5
		2017	不可抗力	2
		2016	发包人条款、施工质量和检验、工期延误	7
	知识点 2：工程变更与合同价调整	2019	综合单价的调整	4
		2018	分部分项工程费的调整	2
		2017	工程变更、措施项目费的调整	4
		2016	—	0
模块二：工程索赔	知识点 3：工程索赔概述	2019	费用索赔、工期索赔	6
		2018	费用索赔、工期索赔	11
		2017	费用索赔、工期索赔	7
		2016	费用索赔、工期索赔	10
	知识点 4：基于网络计划的变更与索赔	2019	基于双代号网络计划的时间参数的计算	4
		2018	基于双代号网络计划的工期索赔	2
		2017	基于双代号网络计划的工期索赔	2
		2016	双代号网络计划时间参数的计算	3

续表

<table>
<tr><th rowspan="2">模块</th><th rowspan="2">知识点</th><th colspan="2">近四年考查情况</th><th rowspan="2">分值</th></tr>
<tr><th>年份</th><th>考查知识点</th></tr>
<tr><td rowspan="4">模块二：工程索赔</td><td rowspan="4">知识点5：基于横道图（流水施工）的变更与索赔</td><td>2019</td><td>绘制横道图，并进行有关工期的计算</td><td>6</td></tr>
<tr><td>2018</td><td>—</td><td>—</td></tr>
<tr><td>2017</td><td>横道图进度计划</td><td>5</td></tr>
<tr><td>2016</td><td>—</td><td>—</td></tr>
</table>

模块一：工程合同

知识点 1　建设工程施工合同

一、建设工程施工合同类型

依据合同计价方式的不同，建设工程施工合同可以分为总价合同、单价合同和成本加酬金合同三种类型。

二、我国现行的建设工程施工合同文本种类

扫码听课

我国现行的建设工程施工合同文本种类包括：

（1）建设工程施工合同示范文本，总承包示范文本等一系列。

（2）标准施工招标文件。

三、《标准施工招标文件》中的合同条款

《标准施工招标文件》中的合同条款见表 5-1-1。

表 5-1-1　《标准施工招标文件》中的合同条款

合同内容	相关规定	具体内容
合同文件的组成及优先顺序	（1）组成合同的各项文件应互相解释，相互说明，但是这些文件有时会产生冲突或含义不清 （2）除专用合同条款另有约定外，解释合同文件的优先顺序如下： ①合同协议书；②中标通知书；③投标函及投标函附录；④专用合同条款；⑤通用合同条款；⑥技术标准和要求；⑦图纸；⑧已标价工程量清单；⑨其他合同文件	—
施工合同各方有关条款（发包人，承包人，监理人，承包人项目经理的合同约定）	发包人条款	（1）发包人应委托监理人按合同约定的时间向承包人发出开工通知 （2）发包人应按专用合同条款的约定向承包人提供施工场地，以及施工场地内地下管线和地下设施等有关资料，并保证资料的真实、准确、完整 （3）发包人应根据合同进度计划，组织设计单位向承包人进行设计交底
	承包人条款	（1）对施工作业和施工方法的完备性负责 （2）负责施工场地及其周边环境与生态的保护工作 （3）避免施工对公众与他人的利益造成损害 （4）为他人提供方便 （5）工程的维护和照管 （6）项目经理规定：承包人更换项目经理应事先征得发包人同意，并应在更换 14 天前通知发包人和监理人

续表

合同内容	相关规定	具体内容
施工合同各方有关条款（发包人、承包人、监理人、承包人项目经理的合同约定	监理人条款	(1) 监理人无权免除或变更合同约定的发包人和承包人的权利、义务和责任 (2) 合同约定应由承包人承担的义务和责任，不因监理人对承包人提交文件的审查或批准，对工程、材料和设备的检查和检验，以及为实施监理作出的指示等职务行为而减轻或解除
施工进度和工期 扫码听课	工期延误	(1) 发包人的工期延误。在履行合同过程中，由于发包人的下列原因造成工期延误的，承包人有权要求发包人延长工期和（或）增加费用，并支付合理利润： 1) 增加合同工作内容 2) 改变合同中任何一项工作的质量要求或其他特性 3) 发包人迟延提供材料、工程设备或变更交货地点的 4) 因发包人原因导致的暂停施工 5) 提供图纸延误 6) 未按合同约定及时支付预付款、进度款 7) 发包人造成工期延误的其他原因 【注意】上述原因并不一定必然造成工期延误。例如改变合同中任何一项工作的质量要求或其他特性、变更交货地点等一般都会影响费用和利润，但并不一定影响工期 (2) 承包人的工期延误。由于承包人原因造成工期延误，承包人应支付逾期竣工违约金。承包人支付逾期竣工违约金，并不免除承包人完成工程及修补缺陷的义务
	暂停施工	(1) 承包人暂停施工的责任。增加的费用和（或）工期延误由承包人承担 (2) 发包人暂停施工的责任。由于发包人原因引起的暂停施工造成工期延误的，承包人有权要求发包人延长工期和（或）增加费用，并支付合理利润 (3) 监理人暂停施工指示。由于发包人的原因发生暂停施工的紧急情况，且监理人未及时下达暂停施工指示的，承包人可先暂停施工，并及时向监理人提出暂停施工的书面请求。监理人应在接到书面请求后的24小时内予以答复，逾期未答复的，视为同意承包人的暂停施工请求 (4) 暂停施工后的复工： 1) 当工程具备复工条件时，监理人应立即向承包人发出复工通知。承包人收到复工通知后，应在监理人指定的期限内复工。承包人无故拖延和拒绝复工的，由此增加的费用和工期延误由承包人承担 2) 因发包人原因无法按时复工的，承包人有权要求发包人延长工期和（或）增加费用，并支付合理利润

续表

合同内容	相关规定	具体内容
施工质量和检验 扫码听课	工程质量要求	(1) 因承包人原因造成工程质量达不到合同约定验收标准的，监理人有权要求承包人返工直至符合合同要求为止，由此造成的费用增加和（或）工期延误由承包人承担 (2) 因发包人原因造成工程质量达不到合同约定验收标准的，发包人应承担由于承包人返工造成的费用增加和（或）工期延误，并支付承包人合理利润
	施工过程中的检查	(1) 承包人的质量检查 (2) 监理人的质量检查。监理人的检查和检验，不免除承包人按合同约定应负的责任。监理人检查发现工程质量不符合要求的，有权要求重新进行检查复核、取样检验、返工拆除，直至符合验收标准为止
	隐蔽工程的检查	(1) 通知监理人检查。经承包人自检确认的工程隐蔽部位具备覆盖条件后，承包人应通知监理人在约定的期限内检查。承包人的通知应附有自检记录和必要的检查资料。监理人应按时到场检查。经监理人检查确认质量符合隐蔽要求，并在检查记录上签字后，承包人才能进行覆盖。监理人检查确认质量不合格的，承包人应在监理人指示的时间内修整返工后，由监理人重新检查 (2) 监理人未到场检查。监理人未按约定的时间进行检查的，除监理人另有指示外，承包人可自行完成覆盖工作，并作相应记录报送监理人，监理人应签字确认。监理人事后对检查记录有疑问的，可要求重新检查 (3) 监理人重新检查。经监理人检查质量合格或监理人未按约定的时间进行检查的，承包人覆盖工程隐蔽部位后，监理人对质量有疑问的，可要求承包人对已覆盖的部位进行钻孔探测或揭开重新检验，承包人应遵照执行，并在检验后重新覆盖恢复原状。经检验证明工程质量符合合同要求的，由发包人承担由此增加的费用和（或）工期延误，并支付承包人合理利润；经检验证明工程质量不符合合同要求的，由此增加的费用和（或）工期延误由承包人承担
	材料和工程设备的供应	(1) 承包人供应材料和工程设备的验收 对承包人提供的材料和工程设备，承包人应按合同约定和监理人指示，进行材料的抽样检验和工程设备的检验测试，所需费用由承包人承担 (2) 发包人供应材料和工程设备的验收 除专用合同条款另有约定外，发包人提供的材料和工程设备验收后，由承包人负责接收、运输和保管。发包人提供的材料和工程设备的规格、数量或质量不符合合同要求，或由于发包人原因发生交货日期延误及交货地点变更等情况的，发包人应承担由此增加的费用和（或）工期延误，并向承包人支付合理利润

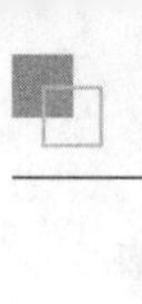

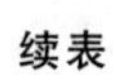
续表

合同内容	相关规定	具体内容
其他内容	专利技术	承包人在投标文件中采用专利技术的，专利技术的使用费包含在投标报价内
	化石、文物	一旦发现文物，承包人应采取有效合理的保护措施，并立即报告当地文物行政部门，同时通知监理人。发包人、监理人和承包人应按文物行政部门要求采取妥善保护措施，由此导致费用增加和（或）工期延误由发包人承担
	不利物质条件	遇到不利物质条件时，监理人应当及时发出指示，指示构成变更的，按有关变更的约定处理。监理人没有发出指示的，承包人因采取合理措施而增加的费用和（或）工期延误，由发包人承担
	异常恶劣的气候条件	当出现异常恶劣的气候条件时，承包人有责任自行采取措施，避免和克服异常气候条件造成的损失，同时有权要求发包人延长工期。当发包人不同意延长工期时，可按有关“发包人的工期延误”的约定，支付为抢工增加的费用，但不包括利润
	不可抗力	不可抗力导致的人员伤亡、财产损失、费用增加和（或）工期延误等后果，由合同双方按以下原则承担： （1）永久工程，包括已运至施工场地的材料和工程设备的损害，以及因工程损害造成的第三者人员伤亡和财产损失由发包人承担 （2）承包人设备的损坏由承包人承担 （3）发包人和承包人各自承担其人员伤亡和其他财产损失及其相关费用 （4）承包人的停工损失由承包人承担，但停工期间应监理人要求照管工程和清理、修复工程的金额由发包人承担 （5）不能按期竣工的，应合理延长工期，承包人不需支付逾期竣工违约金。发包人要求赶工的，承包人应采取赶工措施，赶工费用由发包人承担 不可抗力发生后，任何一方没有采取有效措施导致损失扩大的，应对扩大的损失承担责任

扫码听课

扫码听课

续表

合同内容	相关规定	具体内容
争议的解决	争议评审	(1) 应采用争议评审的，发包人和承包人应在开工日后的28天内或在争议发生后，协商成立争议评审组。争议评审组由有合同管理和工程实践经验的专家组成 (2) 在争议评审期间，争议双方暂按总监理工程师的确定执行 (3) 发包人或承包人不接受评审意见，并要求提交仲裁或提起诉讼的，应在收到评审意见后的14天内将仲裁或起诉意向书面通知另一方，并抄送监理人，但在仲裁或诉讼结束前应暂按总监理工程师的确定执行
	争议的法律解决	(1) 向约定的仲裁委员会申请仲裁 (2) 向有管辖权的人民法院提起诉讼

➤ **考分统计**：依据近4年真题统计的情况，“建设工程施工合同”知识点考查频率较高，具体每年考查内容会有调整，但试题均以建设工程施工合同内容作为依据，属于必须掌握的内容。

知识点 2 工程变更与合同价调整

工程变更的价款调整主要包括：分部分项工程费的调整、措施项目费的调整、删减工程或工作的补偿。

一、分部分项工程费的调整

工程变更引起分部分项工程项目发生变化的，应按照下列规定调整：

(1) 已标价工程量清单中有适用于变更工程项目的，且工程变更导致的该清单项目的工程数量变化不足15%时，采用该项目的单价。

(2) 已标价工程量清单中没有适用、但有类似于变更工程项目的，可在合理范围内参照类似项目的单价或总价调整。

(3) 已标价工程量清单中没有适用也没有类似于变更工程项目的，应由承包人根据变更工程资料、计量规则和计价办法、工程造价管理机构发布的信息（参考）价格和承包人报价浮动率，提出变更工程项目的单价或总价，报发包人确认后调整。

二、措施项目费的调整

工程变更引起施工方案改变并使措施项目发生变化时，按照下列规定调整措施项目费：

(1) 安全文明施工费，按照实际发生变化的措施项目调整，不得浮动。

(2) 采用单价计算的措施项目费，按照实际发生变化的措施项目按前述分部分项工程费的调整方法确定单价。

(3) 按总价（或系数）计算的措施项目费，除安全文明施工费外，按照实际发生变化的措施项目调整，但应考虑承包人报价浮动因素，即调整金额按照实际调整金额乘以承包人报价浮动率计算。

➤ **注意**：如果承包人未事先将拟实施的方案提交给发包人确认，则应视为工程变更不引起措施项目费的调整或承包人放弃调整措施项目费的权利。

三、删减工程或工作的补偿

删减工程或工作，承包人有权提出费用及利润补偿。

➢ **考分统计**：依据近4年真题统计的情况，工程变更与合同价调整在2017、2018、2019年进行了考查，考核频率较高，作为基础知识点内容及解题思路，是需要重点掌握的内容。

模块二：工程索赔

知识点 3 工程索赔概述

一、工程索赔的概念

通常情况下，索赔是指承包人（施工单位）在合同实施过程中，对非自身原因造成的工程延期、费用增加而要求发包人给予补偿损失的一种权利要求。

二、工程索赔的处理程序

（一）索赔程序

《标准施工招标文件》规定的索赔程序见表5-2-1。

表5-2-1 《标准施工招标文件》规定的索赔程序

索赔程序	具体内容
承包人索赔的提出	(1) 承包人应在知道或应当知道索赔事件发生后28天内，向监理人递交索赔意向通知书，并说明发生索赔事件的事由。承包人未在前述28天内发出索赔意向通知书的，丧失要求追加付款和（或）延长工期的权利 (2) 承包人应在发出索赔意向通知书后28天内，向监理人正式递交索赔通知书。索赔通知书应详细说明索赔理由以及要求追加的付款金额和（或）延长的工期，并附必要的记录和证明材料 (3) 索赔事件具有连续影响的，承包人应按合理时间间隔继续递交延续索赔通知，说明连续影响的实际情况和记录，列出累计的追加付款金额和（或）工期延长天数。在索赔事件影响结束后的28天内，承包人应向监理人递交最终索赔通知书，说明最终要求索赔的追加付款金额和延长的工期，并附必要的记录和证明材料
承包人索赔的处理程序	监理人收到承包人提交的索赔通知书后，应按照以下程序进行处理： (1) 监理人收到承包人提交的索赔通知书后，应及时审查索赔通知书的内容、查验承包人的记录和证明材料，必要时监理人可要求承包人提交全部原始记录副本 (2) 监理人应商定或确定追加的付款和（或）延长的工期，并在收到上述索赔通知书或有关索赔的进一步证明材料后的42天内，将索赔处理结果答复承包人 (3) 承包人接受索赔处理结果的，发包人应在作出索赔处理结果答复后28天内完成赔付。承包人不接受索赔处理结果的，按合同中争议解决条款的约定处理
承包人提出索赔的期限	承包人接受了竣工付款证书后，应被认为已无权再提出在合同工程接收证书颁发前所发生的任何索赔。承包人提交的最终结清申请单中，只限于提出工程接收证书颁发后发生的索赔。提出索赔的期限自接受最终结清证书时终止

（二）索赔报告的内容

索赔报告的具体内容，随该索赔事件的性质和特点而有所不同。但从报告的必要内容与文字结构方面而论，一个完整的索赔报告应包括以下四个部分：总论部分、根据部分、计算部分、证据部分。

三、工程索赔的处理原则和计算

扫码听课

（一）工程索赔的处理原则

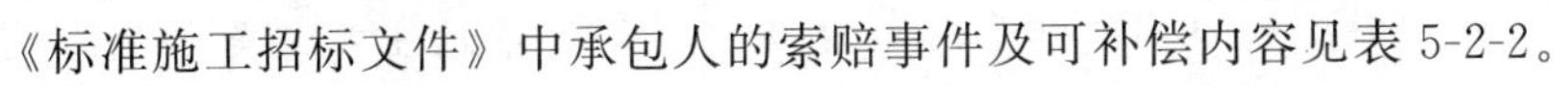
《标准施工招标文件》中承包人的索赔事件及可补偿内容见表5-2-2。

表5-2-2　《标准施工招标文件》中承包人的索赔事件及可补偿内容

序号	条款号	索赔事件	可补偿内容		
			工期	费用	利润
1	1.6.1	迟延提供图纸	√	√	√
2	1.10.1	施工中发现文物、古迹	√	√	
3	2.3	迟延提供施工场地	√	√	√
4	3.4.5	监理人指令迟延或错误	√	√	
5	4.11	施工中遇到不利物质条件	√	√	
6	5.2.4	提前向承包人提供材料、工程设备		√	
7	5.2.6	发包人提供材料、工程设备不合格或迟延提供或变更交货地点	√	√	√
8	5.4.3	发包人更换其提供的不合格材料、工程设备	√	√	
9	8.3	承包人依据发包人提供的错误资料导致测量放线错误	√	√	√
10	9.2.6	因发包人原因造成承包人人员工伤事故		√	
11	11.3	因发包人原因造成工期延误	√	√	√
12	11.4	异常恶劣的气候条件导致工期延误	√		
13	11.6	承包人提前竣工		√	
14	12.2	发包人暂停施工造成工期延误	√	√	√
15	12.4.2	工程暂停后因发包人原因无法按时复工	√	√	√
16	13.1.3	因发包人原因导致承包人工程返工	√	√	√
17	13.5.3	监理人对已经覆盖的隐蔽工程要求重新检查且检查结果合格	√	√	√
18	13.6.2	因发包人提供的材料、工程设备造成工程不合格	√	√	√
19	14.1.3	承包人应监理人要求对材料、工程设备和工程重新检验且检验结果合格	√	√	√
20	16.2	基准日后法律的变化		√	
21	18.4.2	发包人在工程竣工前提前占用工程	√	√	√
22	18.6.2	因发包人的原因导致工程试运行失败		√	√
23	19.2.3	工程移交后因发包人原因出现新的缺陷或损坏的修复		√	√
24	19.4	工程移交后因发包人原因出现的缺陷修复后的试验和试运行		√	
25	21.3.1（4）	因不可抗力停工期间应监理人要求照管、清理、修复工程		√	
26	21.3.1（4）	因不可抗力造成工期延误	√		
27	22.2.2	因发包人违约导致承包人暂停施工	√	√	√

（二）索赔的计算

1. 索赔费用的组成

索赔费用的要素与工程造价的构成基本类似，一般可归结为人工费、材料费、施工机具使用费、分包费、施工管理费、利息、利润、保险费等。

索赔利润的计算通常是与原报价单中的利润百分率保持一致。

➢ **注意**：由于工程量清单中的单价是综合单价，已经包含了人工费、材料费、施工机具使用费、企业管理费、利润以及一定范围内的风险费用，在索赔计算中不应重复计算。

索赔题目一般会考到清单计价，不要纠结于历年考题的不同答案。注意“费用”的概念。注意最后要计取规费、税金（增值税）。

2. 工期索赔的计算

（1）在工期索赔中特别应当注意：

1）划清施工进度拖延的责任。

2）后面的事情要考虑前面的影响。

（2）工期索赔的计算方法有比例计算法和网络图分析法。

网络图分析法是利用进度计划的网络图，分析其关键线路。如果延误的工作为关键工作，则延误的时间为索赔的工期；如果延误的工作为非关键工作，当该工作由于延误超过时差而成为关键工作时，可以索赔延误时间与时差的差值；若该工作延误后仍为非关键工作，则不存在工期索赔问题。应注意以下几点：

1）索赔工期的计算，一般不要逐一判断各个事件是否可以索赔。后面的事件要考虑前面的影响。要把前面的事件带入到网络图中重新计算。

2）所有非乙方事件可以索赔工期，所有乙方事件视为没有发生，不予考虑。

3）原合同工期＋可索赔工期＝新合同工期；实际工期－新合同工期＝工期奖罚。

4）答题注意，先定责任再计算。

（3）共同延误的处理。在实际施工过程中，工期拖期很少是只由一方造成的，往往是两、三种原因同时发生（或相互作用）而形成的，故称为“共同延误”。在这种情况下，要具体分析哪一种情况延误是有效的，应依据以下原则：

1）首先判断造成拖期的哪一种原因是最先发生的，即确定“初始延误”者，它应对工程拖期负责。在初始延误发生作用期间，其他并发的延误者不承担拖期责任。

2）如果初始延误者是发包人原因，则在发包人原因造成的延误期内，承包人既可得到工期延长，又可得到经济补偿。

3）如果初始延误者是客观原因，则在客观因素发生影响的延误期内，承包人可以得到工期延长，但很难得到费用补偿。

4）如果初始延误者是承包人原因，则在承包人原因造成的延误期内，承包人既不能得到工期补偿，也不能得到费用补偿。

共同延误的工期索赔处理见图 5-2-1。

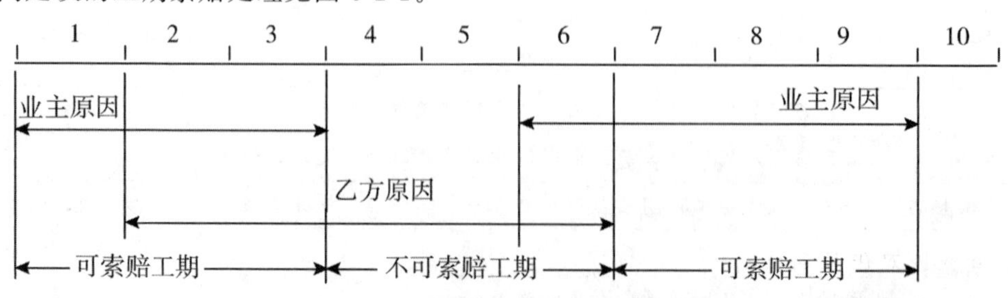

图 5-2-1　共同延误的工期索赔处理

➢ **考分统计**：依据近4年真题统计的情况，“工程索赔”此知识点，每年必考，重点考查“工期索赔、费用索赔”内容，总体分值相对较高，属于必须掌握的内容。

知识点 4 基于网络计划的变更与索赔

一、网络进度计划的分析及计算

利用网络进度计划进行分析、计算，分为以下几种情况：

（1）被延误的工序在关键路线上，关键工序上的延误也就是总工期的延误。

（2）被延误的工序是非关键工序，且该工序被延误的时间没有超过其总时差，没有工期补偿。

（3）被延误的工序是非关键工序，但其被延误的时间已超过了它的总时差。用该工序被延误的时间减去它的总时差，其差额即为总工期的延误；但如果同时还有其他事项的发生，即还有其他工序被延误时间，则只能通过重新计算网络图的时间参数来进行。

基于网络计划的变更与索赔典型考题解析思路见表5-2-3。

表5-2-3　基于网络计划的变更与索赔典型考题解析思路

考查内容	解题思路
关键线路（即关键工作）（网络工期）	（1）从起点节点到终点节点为止，线路时间最长（重点掌握） （2）$T_{计划}=T_{合同}$，工作总时差为零的线路
时间参数	六大时间参数熟练掌握
总时差	总时差：某工作在不影响总工期的前提下所具有的机动时间
索赔	（1）工期：业主的责任且延误的时间超出总时差，超出部分可索赔 （2）费用：业主的责任，一般合理的费用可索赔。在计算人工费时要注意窝工状态和工作状态；在计算机械费时要注意是自有机械还是租赁机械，同时还要区分工作状态还是窝工状态

二、基于时标网络计划的索赔问题

基于时标网络计划的变更与索赔典型考题解析思路见表5-2-4。

表5-2-4　基于时标网络计划的变更与索赔典型考题解析思路

考查内容	解题思路
确定关键线路	确定关键线路规则：从终点到起点没有波线（自由时差）的线路
识读相关参数	相关参数包括：①持续时间；②最早开始时间；③最早完成时间；④自由时差；⑤总工期
计算总时差	$TF_{i-j}=FF_{i-j}+\min\{TF_{j-k}\}$
与索赔结合	同普通双代号网络
实际进度前锋线	（1）实际进度前锋线是施工进度检查的工具 （2）前锋线落在计划线的左侧，说明进度延误；落在计划线的右侧，说明进度提前

➢ **考分统计**：依据近4年真题统计的情况，“基于网络计划的变更与索赔”此知识点，每年都做了考查，双代号网络计划、时标网络计划属于必须掌握的方法，对于工期和费用索赔的计算起到至关重要的作用。

知识点 5 基于横道图（流水施工）的变更与索赔

一、横道图进度计划

流水施工的横道图表示方法见图 5-2-2。

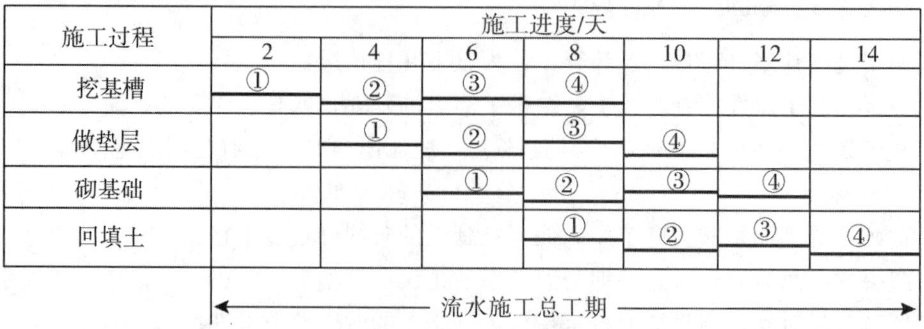

施工过程	施工进度/天						
	2	4	6	8	10	12	14
挖基槽	①	②	③	④			
做垫层		①	②	③	④		
砌基础			①	②	③	④	
回填土				①	②	③	④

流水施工总工期

图 5-2-2 流水施工的横道图表示方法

图中的横坐标表示流水施工的持续时间；纵坐标表示施工过程的名称或编号。n 条带有编号的水平线段表示 n 个施工过程或专业工作队的施工进度安排，其编号①、②、…表示不同的施工段，其数目一般用 m 表示。

流水施工的时间参数包括：流水节拍、流水步距、流水施工工期。

（1）流水节拍指在组织流水施工时，某个专业工作队在一个施工段上的施工时间。用 j，i 来表示。

（2）流水步距指组织流水施工时，相邻两个施工过程（或专业工作队）相继开始施工的最小间隔时间。用 $K_{j,j+1}$ 来表示。

（3）流水施工工期指从第一个专业工作队投入流水施工开始，到最后一个专业工作队完成流水施工为止的整个持续时间。

二、流水施工的基本组织方式

（一）有节奏流水施工

有节奏流水施工是指在组织流水施工时，每一个施工过程在各个施工段上的流水节拍都各自相等的流水施工。

1. 等节奏流水施工（专业工作队数等于施工过程数）

等节奏流水施工是指在有节奏流水施工中，各施工过程的流水节拍都相等的流水施工，也称为固定节拍流水施工或全等节拍流水施工。

等节奏流水施工工期公式如下：

$$T=(n-1)t+\sum G_{j,j+1}+\sum Z_{j,j+1}-\sum C_{j,j+1}+mt$$
$$=(m+n-1)t+\sum G_{j,j+1}+\sum Z_{j,j+1}-\sum C_{j,j+1}$$

式中，m——施工段数；n——施工过程数；t——流水节拍；$G_{j,j+1}$——工艺间歇时间；$Z_{j,j+1}$——组织间歇时间；$C_{j,j+1}$——提前插入时间。

2. 异节奏流水施工

异节奏流水施工是指在有节奏流水施工中，各施工过程的流水节拍各自相等而不同施工过程之间的流水节拍不尽相等的流水施工。在组织异节奏流水施工时，又可以采用异步距和等步距两种方式。

（1）异步距异节奏流水施工（专业工作队数等于施工过程数）。

异步距异节奏流水施工是指在组织异节奏流水施工时，每个施工过程成立一个专业工作队，由其完成各施工段任务的流水施工，也称为一般的成倍节拍流水施工。

(2) 等步距异节奏流水施工（专业工作队数大于施工过程数）。

等步距异节奏流水施工是指在组织异节奏流水施工时，按每个施工过程流水节拍之间的比例关系，成立相应数量的专业工作队而进行的流水施工，也称为加快的成倍节拍流水施工。

等步距异节奏流水施工工期公式如下：

$$T=(m+n'-1)K+\sum G+\sum Z-\sum C$$

式中，m——施工段数；n'——专业工作队数目；K——流水步距；G——工艺间歇时间；Z——组织间歇时间；C——提前插入时间。

(二) 非节奏流水施工（专业工作队数等于施工过程数）

非节奏流水施工是指在组织流水施工时，全部或部分施工过程在各个施工段上的流水节拍不相等的流水施工。

1. 流水步距的确定

累加数列错位相减取大差法计算流水步距，基本步骤如下：

(1) 对每一个施工过程在各施工段上的流水节拍依次累加，求得各施工过程流水节拍的累加数列。

(2) 将相邻施工过程流水节拍累加数列中的后者错后一位，相减后求得一个差数列。

(3) 在差数列中取最大值，即为这两个相邻施工过程的流水步距。

2. 施工工期的确定

非节奏流水施工工期公式如下：

$$T=\sum K+\sum t_n+\sum Z+\sum G-\sum C$$

式中，$\sum K$——各施工过程（或专业工作队）之间的流水步距之和；$\sum t_n$——最后一个施工过程（或专业工作队）在各施工段流水节拍之和；$\sum Z$——组织间隙时间之和；$\sum G$——工艺间歇时间之和；$\sum C$——提前插入时间之和。

➤ **考分统计：**依据近4年真题统计的情况，基于横道图（流水施工）的变更与索赔仅在2017、2019年进行了考查，考核频次为50%，但作为基础知识点内容及解题思路，是需要重点掌握的内容。

典型例题

1. **【2019真题】**某企业自筹资金新建的工业厂房项目，建设单位采用工程量清单方式招标，并与施工单位按《建设工程施工合同（示范文本）》签订了工程施工承包合同。合同工期270天，施工承包合同约定：管理费和利润按人工费和施工机具使用费之和的40%计取，规费和税金按人材机费、管理费和利润之和的11%计取；人工费平均单价按120元/工日计，通用机械台班单价按1100元/台班计；人员窝工、通用机械闲置补偿按其单价的60%计取，不计管理费和利润；各分部分项工程施工均发生相应的措施费，措施费按其相应工程费的30%计取，对工程量清单中采用材料暂估价格确定的综合单价，如果该种材料实际采购价格与暂估价格不符，以直接在该综合单价上增减材料价差的方式调整。

该工程施工过程中发生如下事件：

事件1：施工前施工单位编制了工程施工进度计划（如图5-D-1所示）和相应的设备使用计划，项目监理机构对其审核时得知，该工程的B、E、J工作均需使用一台特种设备吊装施工，施工承包合同约定该台特种设备由建设单位租赁，供施工单位无偿使用。在设备使用计划中，施工单位要求建设单位必须将该台特种设备在第80日末租赁进场，第260日末组织退场。

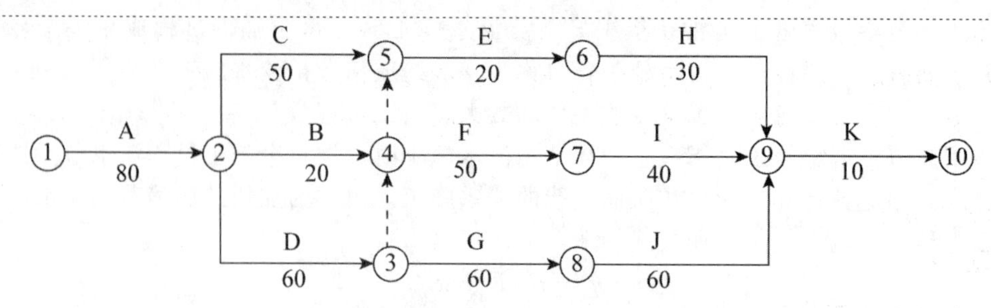

图 5-D-1　施工进度计划（单位：天）

事件 2：由于建设单位办理变压器增容原因，使施工单位 A 工作实际开工时间比已签发的开工令确定的开工时间推迟了 5 天，并造成施工单位人员窝工 135 工日，通用机械闲置 5 个台班。施工进行 70 天后，建设单位对 A 工作提出设计变更，该变更比原 A 工作增加了人工费 5060 元、材料费 27148 元、施工机具使用费 1792 元；并造成通用机械闲置 10 个台班，工作时间增加 10 天。A 工作完成后，施工单位提出如下索赔：①推迟开工造成人员窝工、通用机械闲置和拖延工期 5 天的补偿；②设计变更造成增加费用、通用机械闲置和拖延工期 10 天的补偿。

事件 3：施工招标时，工程量清单中 ϕ25 规格的带肋钢筋材料单价为暂估价，暂估价价格 3500 元/t，数量 260t，施工单位按照合同约定组织了招标，以 3600 元/t 的价格购得该批钢筋并得到建设单位确认，施工完成该材料 130t 进行结算时，施工单位提出：材料实际采购价格比暂估材料价格增加了 2.86%，所以该项目的结算综合单价应调增 2.86%，调整内容见表 5-D-1。已知：该规格带肋钢筋主材损耗率为 2%。

表 5-D-1　分部分项工程量综合单价调整表

工程名称：××工程　　标段：　　　　第 1 页　共 1 页

序号	项目编码	项目名称	已标价清单综合单价/元					调整后综合单价/元				
			综合单价	其中				综合单价	其中			
				人工费	材料费	机械费	管理费和利润		人工费	材料费	施工机具使用费	管理费和利润
1	××	带肋钢筋 ϕ25	4210.27	346.52	3639.52	61.16	163.07	4330.68	356.43	3743.61	62.91	167.73

事件 4：根据施工承包合同约定，合同工期每提前 1 天奖励 1 万元（含税），施工单价计划将 D、G、J 工作按流水节拍 30 天组织等节奏流水施工，以缩短工期获取奖励。

【问题】

1. 事件 1 中，在图 5-D-1 所示的施工进度计划中，受特种设备资源条件的约束，应如何完善进度计划才能反映 B、E、J 工作的施工顺序？为节约特种设备租赁费用，该特种设备最迟第几日末必须租赁进场？说明理由。此时，该特种设备在现场的闲置时间为多少天？

2. 事件 2 中，依据施工承包合同，分别指出施工单位提出的两项索赔是否成立，说明理由。可索赔费用数额是多少？可批准的工期索赔为多少天？说明理由。

3. 事件 3 中，由施工单位自行招标采购暂估价材料是否合理？说明理由。施工单位提出综合单价调整表（表 5-D-1）的调整方法是否正确？说明理由。该清单项目结算综合单价应是多少？核定结算款应为多少？

4. 根据事件 4，画出组织 D、G、J 三项工作等节奏流水施工的横道图；并结合考虑事件 1 和事件 2 的影响，指出组织流水施工后网络计划的关键线路和实际施工工期。依据施工承包合同，施工单位可获得的工期提前奖励为多少万元？此时，该特种设备在现场的闲置时间为多少天？

【参考答案】

问题 1：

（1）调整后的进度计划如图 5-D-2 所示。

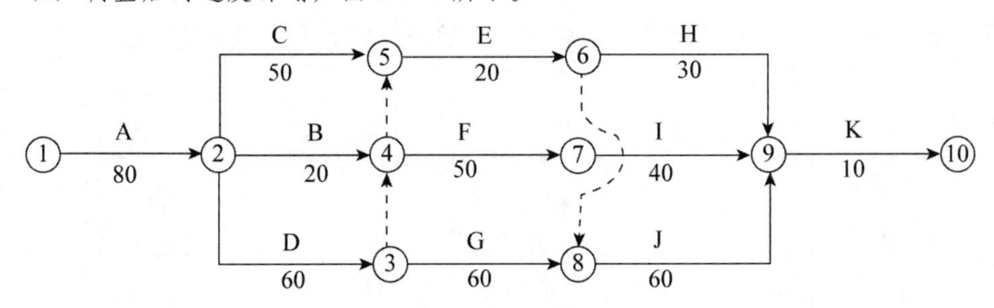

图 5-D-2　调整后的进度计划（单位：天）

（2）为节约特种设备租赁费用，该特种设备最迟第 150 日末必须租赁进场。

理由：在不影响总工期的前提下，J 工作的最迟开始为第 201 天，由于 E、J 共用一台机械，所以 E 工作的最迟开始时间为第 181 天，又因为 F 工作的最迟开始时间为第 171 天，则 B 工作必须在第 170 天末完成，所以 B 工作的最迟开始时间是第 151 天，也就是机械必须在第 150 天末进场。

（3）此时，该特种设备在现场的闲置时间为 10 天。

【点拨】本题考查知识点 3：工程索赔概述——基于双代号网络计划的时间参数的计算。

问题 2：

（1）事件二中，A 工作完成后，施工单位提出索赔①“推迟开工造成人员窝工、通用机械闲置和拖延工期 5 天的补偿”不成立。

理由：超过了索赔时限（28 天）。

施工单位提出索赔②“设计变更造成增加费用、通用机械闲置和拖延工期 10 天的补偿”成立。

理由：设计变更是建设单位责任造成的，A 工作是关键工作，导致施工单位费用的增加和工期的延长，且施工单位在规定的期限内按程序提出了索赔。

（2）施工单位可以索赔的费用：{［（5060＋27148＋1792）＋（5060＋1792）×40％］×（1＋30％）＋（10×1100×60％）}×（1＋11％）＝60342.97（元）。

（3）可以索赔的工期为 10 天。

理由：由于办理变压器增容和设计变更均属于建设单位责任，并且 A 工作是关键线路的关键工作，会导致总工期延长 10 天，所以可以得到 10 天的索赔。

【点拨】本题考查知识点 4：基于网络计划的变更与索赔——费用索赔、工期索赔。

问题 3：

（1）事件 3 中，由施工单位自行招标采购暂估价材料不合理。

理由：按照合同约定暂估价的材料属于依法必须招标的，由发承包双方以招标的方式选择供应商。依法确定中标价格后，以此为依据取代暂估价，调整合同价款。

（2）施工单位提出综合单价调整表（表 5-D-1）的调整方法不正确。

理由：根据合同约定，对工程量清单中采用材料暂估价格确定的综合单价，如果该种材料实际采购价格与暂估价格不符，以直接在该综合单价上增减材料价差的方式调整。不应当调整综合单价中的人工费、机械费、管理费和利润。

（3）该清单项目结算综合单价＝4210.27＋（3600－3500）×（1＋2%）＝4312.27（元）。

（4）核定结算款＝4312.27×130×（1＋11%）＝622260.56（元）。

【点拨】本题考查知识点 2：工程变更与合同价调整——综合单价的调整。

问题 4：

（1）D、G、J 三项工作等节奏流水施工的横道图如图 5-D-3 所示。

序号	进度计划 分项工程	30	60	90	120
1	D工作	①	②		
2	G工作		①	②	
3	J工作			①	②

图 5-D-3　D、G、J 三项工作等节奏流水施工的横道图

考虑事件 1 的影响，横道图如图 5-D-4 所示。

序号	进度计划 分项工程	10	20	30	40	50	60	70	80	90	100	110	120	130	140
1	D工作		①			②									
2	G工作					①			②						
3	J工作										①			②	

图 5-D-4　横道图（考虑事件 1 的影响）

（2）考虑事件 1 和事件 2 的影响，组织流水施工后网络计划的关键线路：A→D→F→I→K。

实际施工工期为：240＋5＋10＝255（天）。

（3）依据施工承包合同，施工单位可获得的工期提前奖励为：（270＋10－255）×1＝25（万元）。

（4）此时，该特种设备在现场的闲置时间为 10 天。

【点拨】本题考查知识点 5：基于横道图（流水施工）的变更与索赔——绘制横道图，并进行有关工期的计算。

2. **【2018 真题】**某工程项目，发包人和承包人按工程量清单计价方式和《建设工程施工合同（示范文本）》（GF—2017—0201）签订了施工合同，合同工期 180 天。合同约定：措施费按分部分项工程费的 25%计取；管理费和利润为人材机费用之和的 16%，规费和税金为人材机费用、管理费与利润之和的 13%。

开工前，承包人编制并经项目监理机构批准的施工网络进度计划见图 5-D-5。

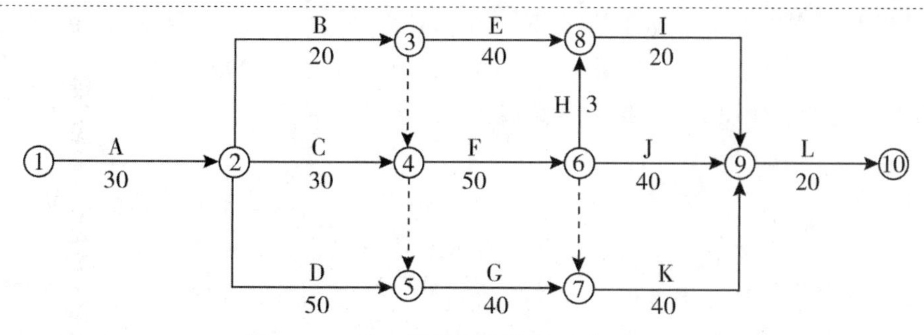

图 5-D-5　施工网络进度计划（单位：天）

施工过程中发生了如下事件：

事件 1：基坑开挖（A 工作）施工过程，承包人发现基坑开挖部位有一处地勘资料中未标出的地下砖砌废井构筑物，经发包人与有关单位确认，该井内没有任何杂物，已经废弃。发包人、承包人和监理单位共同确认，废井外围尺寸为：长×宽×深＝3m×2.1m×12m，井壁厚度为 0.49m，无底，无盖，井口简易覆盖（不计覆盖物工程量），该构筑物位于基底标高以上部位，拆除不会对地基成影响，三方签署了《现场签证单》。基坑开挖工期延长 5 天。

事件 2：发包人负责采购的部分装配式混凝土构件提前一个月运抵合同约定的施工现场，承包人会同监理单位共同清点验收后存放在施工现场。为了节约施工场地，承包人将上述构件集中堆放，由于堆放层数过多，致使下部分构件产生裂缝。两个月后，发包人在承包人准备安装该批构件时知悉此事，遂要求承包人对构件进行检测并赔偿构件损坏的损失。承包人提出，部分构件损坏是由于发包人提前运抵现场占用施工场地所致，不同意进行检测和承担损失，而要求发包人额外增加支付两个月的构件保管费用。发包人仅同意额外增加支付一个月的保管费用。

事件 3：原设计 J 工作分项估算工程量为 400m^3，由于发包人提出新的使用功能要求，进行了设计变更。该变更增加了该分项工程量 200m^3。已知 J 工作人料机费用为 360 元/m^3，合同约定超过原估算工程量 15%以上部分综合单价调整系数为 0.9；变更前后 J 工作的施工方法和施工效率保持不变。

【问题】

1. 事件 1 中，若基坑开挖土方的综合单价为 28 元/m^3，砖砌废井拆除人材机单价 169 元/m^3（包括拆除、控制现场扬尘、清理、弃渣场内外运输）。其他计价原则按原合同约定执行，计算承包人可向发包人主张的工程索赔款。

2. 事件 2 中，分别指出承包人不同意进行检测和承担损失的做法是否正确，并说明理由。发包人只同意额外增加支付一个月的构件保管费是否正确？并说明理由。

3. 事件 3 中，计算承包人可以索赔的工程款为多少元？

4. 承包人可以得到的工期索赔合计为多少天？（写出分析过程）

（计算结果保留两位小数）

【参考答案】

问题 1：

废井拆除工程量：3×2.1×12－（3－0.49×2）×（2.1－0.49×2）×12＝48.45（m^3）；

废井拆除需要的费用：169×48.45×（1＋16%）×（1＋13%）＝10732.90（元）；

不需要开挖的土方工程量：3×2.1×12＝75.60（m^3）；

不需要开挖土方的费用：28×75.60×（1+25%）×（1+13%）=2989.98（元）；

承包人可向发包人主张的工程索赔款：10732.90−2989.98=7742.92（元）。

【点拨】本题考查知识点3：工程索赔概述——费用索赔。

问题2：

（1）事件2中，承包人不同意进行检测和承担损失的做法是不正确的。承包人会同监理单位共同清点验收后存放在施工现场，构件是符合质量要求的，但是由于承包人为了节约施工场地，将构件集中堆放，由于堆放层数过多，致使下部构件产生裂缝，产生裂缝的构件应用于工程中，不符合施工质量、安全等方面的要求，可能会发生安全质量事故，所以承包人应该同意进行检测。下部构件产生裂缝是由于施工方的存储不当造成的，是承包人原因导致的构件破损，所以应该承担相应的费用。

（2）发包人只同意额外增加支付一个月的构件保管费是正确的。发包人负责采购的部分装配式混凝土构件提前一个月运抵合同约定的施工现场，承包人多承担了一个月的保管费用，所以支付一个月的即可。

【点拨】本题考查知识点1：建设工程施工合同——施工合同各方有关条款。

问题3：

J工作增加了200m^3的工程量，比原计划增加200/400×100%=50%>15%，需要调整综合单价。原单价为360×（1+16%）=417.60（元），调整后的单价为417.6×0.9=375.84（元）。

工程量增加后J工作的费用：{417.60×400×（1+15%）+375.84×[400+200−400×（1+15%）]}×（1+25%）×（1+13%）=345657.96（元）。

承包人可以索赔的工程款：345657.96−417.60×400×（1+25%）×（1+13%）=109713.96（元）。

【点拨】本题考查知识点3：工程索赔概述——费用索赔。

问题4：

（1）承包人可以得到的工期索赔合计为15天。

（2）事件1：基坑开挖（A工作）在关键线路，A工作持续时间延长5天会造成总工期延长5天，而且承包人发现的废井是在基坑开挖部位，地勘资料中未标出的，是发包人的原因造成的，所以应该索赔工期5天。

事件3：由于变更前后J工作的施工方法和施工效率保持不变，J工作增加工作量后，增加持续时间20天[200/（400/40）]，因J工作为非关键工作，有10天的总时差，故J工作增加工期20天会造成总工期增加10天（20−10），且设计变更所导致的工期和费用增加应由发包人承担，所以可以索赔10天。

承包人共计可以索赔5+10=15（天）。

【点拨】本题考查知识点3：工程索赔概述——工期索赔。

本章同步训练

试题一

某承包商承建一基础设施项目，其施工网络进度计划见图5-T-1。

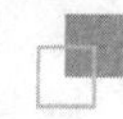

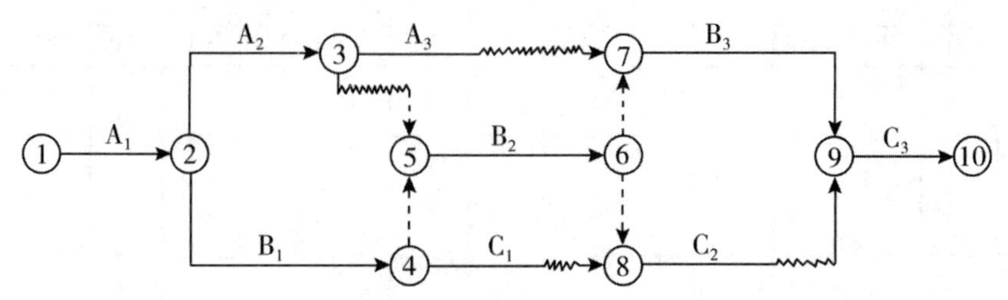

图 5-T-1　施工网络进度计划（单位：月）

在施工网络进度计划中，模板工程计划投资 300 万元，分解为 A_1、A_2、A_3 三个施工段；钢筋工程计划投资 1800 万元，分解为 B_1、B_2、B_3 三个施工段；混凝土工程计划投资 6000 万元，分解为 C_1、C_2、C_3 三个施工段。每一分项工程在三个施工段内计划进度与实际进度均为匀速进度，各施工段工程量相同，并且计划工程量等于实际工程量。

工程实施到第 5 个月末检查时，A_2 工作刚刚完成，B_1 工作还需 1 个月才能完成。工程实施到第 10 个月末检查时，B_3 工作已进行了 1 个月，C_2 工作刚刚开始。

实际施工的最后一个月遭受飓风袭击，造成了相应的损失，承包商及时向业主提出费用索赔和工期索赔，经业主工程师审核后的内容如下：

（1）部分已建工程遭受不同程度破坏，费用损失 30 万元。

（2）在施工现场承包商用于施工的机械受到损坏，造成损失 5 万元；用于工程上待安装设备（承包商供应）损坏，造成损失 1 万元。

（3）由于现场停工造成机械台班损失 3 万元，人工窝工费 2 万元。

（4）施工现场承包商使用的临时设施损坏，造成损失 1.5 万元；业主使用的临时用房破坏，修复费用 1 万元。

（5）因灾害造成施工现场停工 0.5 个月，索赔工期 0.5 个月。

（6）灾后清理施工现场，恢复施工需费用 3 万元。

【问题】

1. 说明施工网络进度计划中的关键路线，根据 5 月末、10 月末实际进度检查情况在时标网络图中标示实际进度前锋线，分析 A_2、B_1、B_3、C_2 工作的进度偏差，确定实际施工时间。

2. 用横道图形式表示各分项工程各月计划投资值，实际投资值。计算 10 月末累计计划投资值和累计实际投资值。

3. 对施工最后一个月飓风袭击给承包方造成的损失应如何处理？

试题二

某工程项目，业主通过招标方式确定了承包商，双方采用工程量清单计价方式签订了施工合同。该工程共有 10 个分项工程，工期 150 天，施工期为 3 月 3 日至 7 月 30 日。合同规定，工期每提前 1 天，承包商可获得提前工期奖 1.2 万元；工期每拖后 1 天，承包商需承担逾期违约金 1.5 万元。开工前承包商提交并经审批的施工进度计划见图 5-T-2。

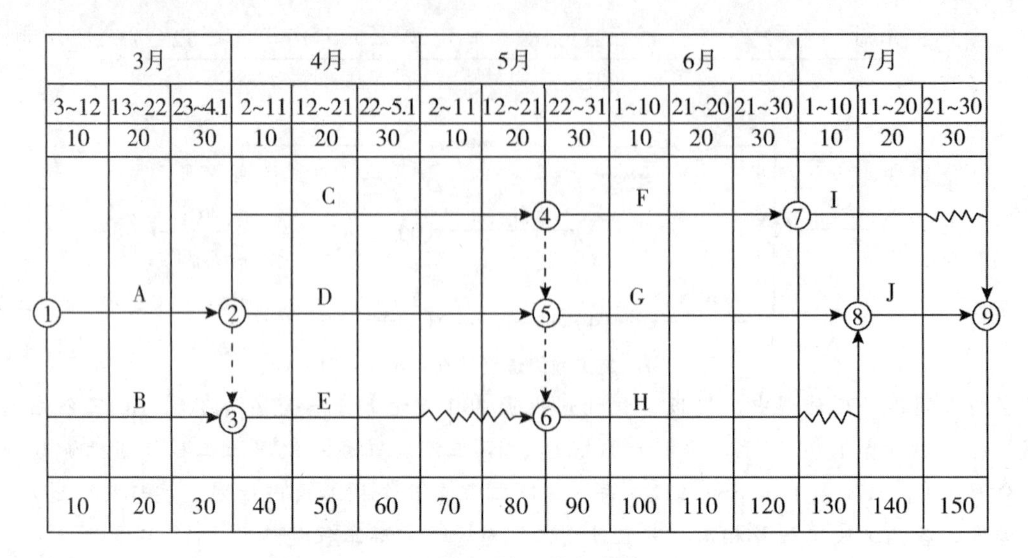

图 5-T-2　施工进度计划

该工程如期开工后，在施工过程中发生了经监理人核准的如下事件：

事件 1：3 月 6 日，由于业主提供的部分施工场地条件不充分，致使工作 B 作业时间拖延 4 天，工人窝工 20 个工日，施工机械 B 闲置 5 天（台班费：800 元/台班）。

事件 2：4 月 25 日～26 日，当地供电所中断，导致工作 C 停工 2 天，工人窝工 40 个工日，施工机械闲置 2 天（台班费：1000 元/台班）；工作 D 没有停工，但因停电改用手动机具替代原配动力机械使 D 工效降低，导致作业时间拖延 1 天，增加用工 18 个工日，原配动力机械闲置 2 天（台班费：800 元/台班），增加手动机具使用 2 天（台班费：500 元/台班）。

事件 3：按合同规定由业主负责采购且应于 5 月 22 日到场的材料，直到 5 月 26 日凌晨才到场；5 月 24 日发生了脚手架倾倒事故，因处于停工待料状态，承包商未及时重新搭设；5 月 26 日上午承包商安排 10 名架子工重新搭设脚手架；5 月 27 日恢复正常作业。由此导致工作 F 持续停工 5 天，该工作班组 20 名工人持续窝工 5 天，施工机械 F 闲置 5 天（台班费：1200 元/台班）。

截止 5 月末，其他工程内容的作业持续时间和费用均与原计划相符。承包商分别于 5 月 5 日（针对事件 1、2）和 6 月 10 日（针对事件 3）向监理人提出索赔。

机械台班均按每天一个台班计。

【问题】

1. 分别指出承包商针对三个事件提出的工期和费用索赔是否合理，并说明理由。

2. 对于能被受理的工期索赔事件，分别说明每项事件应被批准的工期索赔为多少天。如果该工程最终按原计划工期（150 天）完成，承包商是可获得提前工期奖还是需承担逾期违约金，相应的数额为多少？

3. 该工程架子工日工资为 180 元/工日，其他工种工人日工资为 150 元/工日，人工窝工补偿标准为日工资的 50%；机械闲置补偿标准为台班费的 60%；管理费和利润的计算费率为人材机费用之和的 10%，规费和税金的计算费率为人材机费用、管理费与利润之和的 9%，计算应被批准的费用索赔为多少元？

4. 按初始安排的施工进度计划，如果该工程进行到第 6 个月末时检查进度情况为：工作 F

完成50%的工作量；工作G完成80%的工作量；工作H完成75%的工作量。作答时绘制实际进度前锋线，分析这三项工作进度有无偏差，并分别说明对工期的影响。

试题三

某工程项目业主分别与甲、乙施工单位签订了土建施工合同和设备安装合同，土建施工合同约定：管理费为人材机费之和的10%，利润为人材机费用与管理费之和的6%，规费和税金为人材机费用与管理费和利润之和的9.8%，合同工期为100天。设备安装合同约定：管理费和利润均以人工费为基础，其费率分别为55%、45%。规费和税金为人材机费用与管理费和利润之和的9.8%，合同工期20天。土建施工合同与设备安装合同均约定：人工工日单价为80元/工日，窝工补偿按70%计，机械台班单价按500元/台班，闲置补偿按80%计。

甲、乙施工单位编制了施工进度计划，获得监理工程师的批准，见图5-T-3。

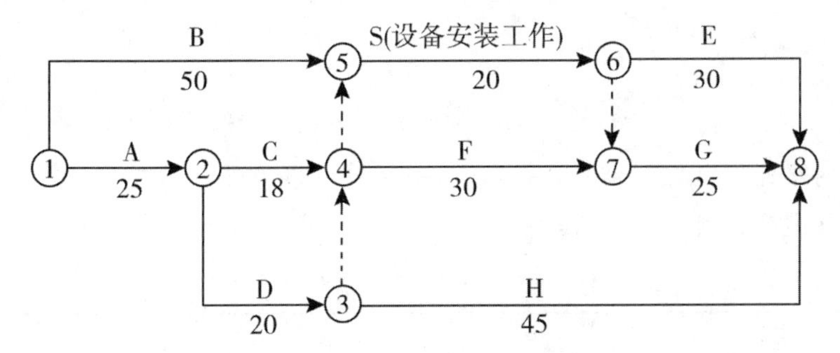

图5-T-3 甲、乙施工单位施工进度计划（单位：天）

该工程实施过程中发生如下事件：

事件1：基础工程A工作施工完毕组织验槽时，发现基坑实际土质与业主提供的工程地质资料不符，为此，设计单位修改加大了基础埋深，该基础加深处理使甲施工单位增加用工50个工日，增加机械10个台班，A工作时间延长3天，甲施工单位及时向业主提出费用索赔和工期索赔。

事件2：设备基础D工作的预埋件施工完毕后，甲施工单位报监理工程师进行隐蔽工程验收，监理工程未按合同约定的时限到现场验收，也未通知甲施工单位推迟验收事件，在此情况下，甲施工单位进行了隐蔽工序的施工，业主代表得知该情况后要求施工单位剥露重新检验，检验发现预埋件尺寸不足，位置偏差过大，不符合设计要求。该重新检验导致甲施工单位增加人工30工日，材料费1.2万元，D工作时间延长2天，甲施工单位及时向业主提出了费用索赔和工期索赔。

事件3：设备安装S工作开始后，乙施工单位发现的业主采购的设备配件缺失，业主要求乙施工单位自行采购缺失配件。为此，乙施工单位发生材料费2.5万元，人工费0.5万元，S工作时间延长2天。乙施工单位向业主提出费用索赔和工期延长2天的索赔，向甲施工单位提出受事件1和事件2影响工期延长5天的索赔。

事件4：设备安装过程中，由于乙施工单位安装设备故障和调试设备损坏，使S工作延长施工工期6天，窝工24个工日。增加安装、调试设备修理费1.6万元。并影响了甲施工单位后续工作的开工时间，造成甲施工单位窝工36个工日，机械闲置6个台班。为此，甲施工单位分别向业主和乙施工单位及时提出了费用和工期索赔。

问题：

1. 分别指出事件1～4中甲施工单位和乙施工单位的费用索赔和工期索赔是否成立，并分别说明理由。

2. 事件2中，业主代表的做法是否妥当？说明理由。

3. 事件1～4发生后，图5-T-3中E工作和G工作实际开始时间分别为第几天？说明理由。

4. 计算业主应补偿甲、乙施工单位的费用分别为多少元？可批准延长的工期分别为多少天？(计算结果保留两位小数)

»» 参考答案 ««

试题一

问题1：

(1) 该施工网络计划中的关键线路是：①—②—④—⑤—⑥—⑦—⑨—⑩。

(2) 施工网络进度计划见图5-T-4。

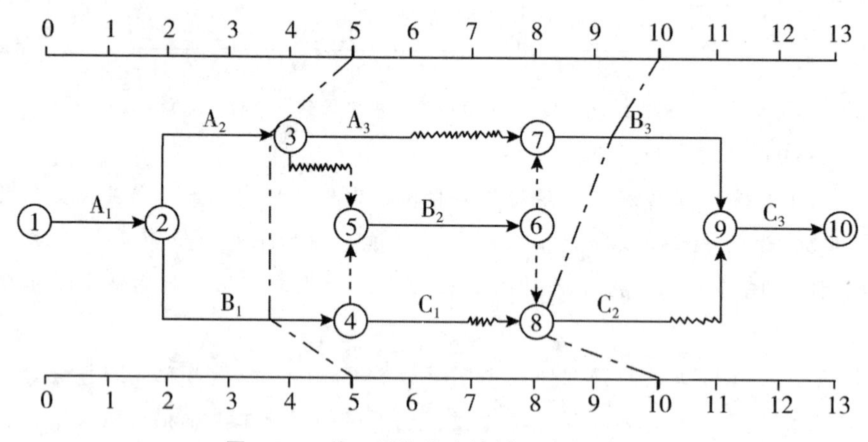

图5-T-4 施工网络进度计划（单位：月）

A_2工作进度拖后1个月，影响A_3工作开始时间拖延1个月，但A_3工作$TF=2$，故不影响总工期。

B_1工作拖延1个月完工，B_1为关键工序，会影响总工期（但需后续工作进度调整因素）。

B_3工作拖延1个月施工进度，B_3为关键工序，故影响总工期拖后1个月完成。

C_2工作拖延2个月施工进度，C_2工作$TF=1$，故影响总工期拖后1个月完成。

该施工项目完工实际时间为14个月（不考虑其他工期变动原因）。

问题2

施工过程各月计划（实际）投资构成见图5-T-5。

月份	1	2	3	4	5	6	7	8	9	10	11	12	13	14
模板工程	(50) (50)	A_1 (50) A_1 (50)	(50) (100/3)	A_2 (50) A_2 (100/3)	(50) (100/3)	A_3 (50) (50)	A_3 (50)							
钢筋工程			(200) (150)	B_1 (200) B_1 (150)	(200) (150)	(200) (150)	B_2 (200) (200)	(200) B_2 (200)	(200) (200)	B_3 (200) (200)	(200) B_3 (200)	(200)		
混凝土工程						C_1 (1000)	(1000) (1000)	C_1 (1000)	(1000)	C_2 (1000)	C_2 (1000)	(1000) (1000)	C_3 (1000) (1000)	C_3 (1000)
①计划投资	50	50	250	250	250	1250	1200	200	1200	1200	200	1000	1000	0
Σ①	50	100	350	600	850	2100	3300	3500	4700	5900	6100	7100	8100	
②实际投资	50	50	183.33	183.33	183.33	200	1250	1200	200	200	1200	1200	1000	1000
Σ②	50	100	283.33	486.66	650	850	2100	3300	3500	3700	4900	6100	7100	8100

图 5-T-5　施工过程各月计划（实际）投资构成横道图（单位：万元）

注：图中"——"表示计划投资，线下括号中数据为月计划投资值；"……"表示实际投资，线下括号中数据为月实际投资值。

经计算 10 月末累计计划投资 5900 万元，累计实际投资值为 3700 万元。

问题 3

(1) 索赔成立。因不可抗力造成的部分已建工程费用损失，应由业主支付。

(2) 承包商用于施工的机械损坏索赔不成立。因不可抗力造成各方的损失由各方承担。

用于工程上待安装设备损坏、索赔成立，虽然用于工程的设备是承包商供应，但将形成业主资产，所以业主应支付相应费用。

(3) 索赔不成立。因不可抗力给承包商造成的该类费用损失不予补偿。

(4) 承包商使用的临时设施损坏的损失索赔不成立。业主使用的临时用房修复索赔成立，因不可抗力造成各方损失由各方分别承担。

(5) 索赔成立。因不可抗力造成工期延误，经业主签证，可顺延合同工期。

(6) 索赔成立。清理和修复费用应由业主承担。

因自然灾害发生在实际施工时间的最后一个月，考虑灾害对工期的影响，完成全部施工任务为 14.5 个月。

试题二

问题 1：

事件 1：B 工作工期和费用索赔不合理。

理由：虽然是业主原因，但是按照清单规范规定，承包人应在知道或应当知道索赔事件发生后 28 天内，向发包人提交索赔意向通知书，说明发生索赔事件的事由。承包人逾期未发出索赔意向通知书的，丧失索赔的权利。

事件2：C工作工期和费用索赔合理。

理由：停电事件属于业主应承担的风险，C工作属于关键工作，而且造成了经济损失，且承包商在合同约定的时间内提出了索赔。

D工作工期索赔不合理。

理由：D工作在经审批的施工进度计划中属于关键工作，但C工作补偿2天工期后，关键线路改变，D工作有总时差2天，停电事件导致延误时间1天，没有超过总时差，故不应再补偿工期。

D工作费用索赔合理。

理由：停电是业主应承担的风险，而且造成了经济损失，D工作人和机械窝工费可以索赔，且承包商在合同约定的时间内提出了索赔。

事件3：F工作工期索赔不合理。

理由：F工作为非关键工作，总时差为10天（考虑事件2的影响）。按照“共同延误”处理原则，属于业主责任延误4天，但是没有超过其总时差。

F工作可以提出费用索赔。

理由：该事件是业主责任延误，应当赔偿由此造成的人和机械窝工，且承包商在合同约定的时间内提出了索赔。

问题2：

（1）事件1不能索赔工期，事件2可索赔工期2天，事件3不能索赔工期，150＋2－150＝2（天），共可索赔工期2天。

（2）如果该工程最终按原计划工期（150天）完成，应当获得2天赶工奖励，共计2×1.2＝2.4（万元）。

问题3：

事件1：不可索赔费用。

事件2：

C工作费用索赔：（40×150×50％＋2×1000×60％）×（1＋9％）＝4578.00（元）。

D工作费用索赔：①机械闲置：2×800×60％×（1＋9％）＝1046.40（元）。

②新增加人工和机械：（18×150＋2×500）（1＋10％）（1＋9％）＝4436.30（元）。

事件3：

索赔费用：（4×20×150×50％＋4×1200×60％）×（1＋9％）＝9679.20（元）。

应被批准的总计：4578＋1046.40＋4436.30＋9679.20＝19739.90（元）。

问题4：

F工作实际进度比计划进度延迟20天，影响工期延期10天；G工作实际进度和计划进度一致，不影响工期；H工作实际进度比计划进度延迟10天，不影响工期，见图5-T-6。

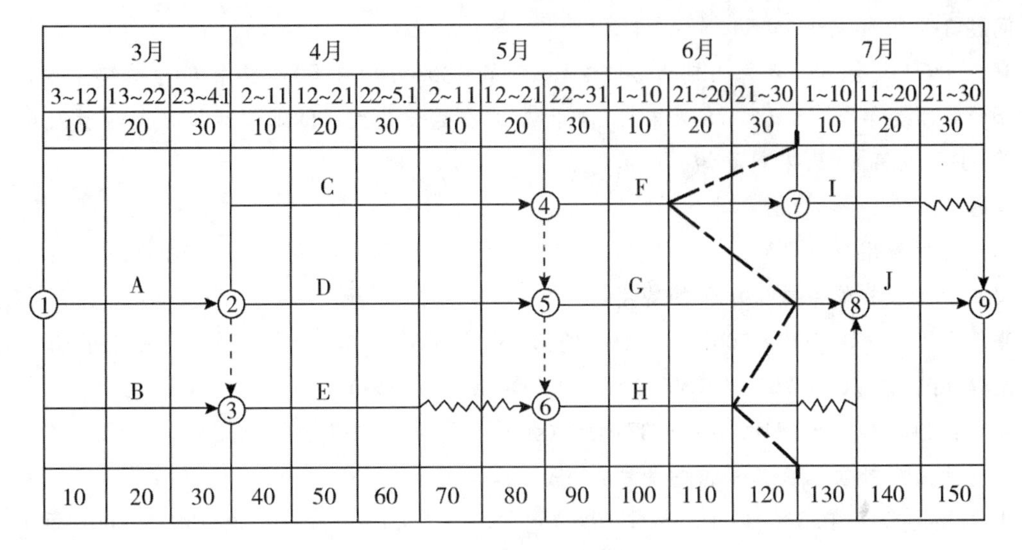

图 5-T-6　施工进度计划

试题三

问题 1：

(1) 事件 1 中，甲施工单位向业主提出费用索赔和工期索赔均成立。

理由：基坑土质与业主提供的工程地质资料不符，属于业主应该承担的风险范围，且 A 工作为关键工作，故由此事件导致的费用和工期增加都可以索赔。

(2) 事件 2 中，甲施工单位向业主提出费用索赔和工期索赔不成立。

理由：剥露重新检验发现预埋件尺寸、位置不符合设计要求，属于施工单位应当承担的责任，费用和工期均不能索赔。

(3) 事件 3 中，乙施工单位向业主索赔费用和工期成立。

理由：S 工作发生延误是因为业主采购的设备配件缺失造成，属于发包方原因，且 S 工作的时间延长超过其合同工期，所以可向业主提出费用和工期索赔。

乙施工单位向甲施工单位提出的索赔不成立。

理由：事件 1 和事件 2 对乙施工单位的工期没有影响，且甲、乙没有直接的合同关系，所以乙施工单位不能向甲施工单位索赔。

(4) 事件 4 中，甲施工单位向业主提出费用和工期索赔成立，向乙施工单位提出费用和工期索赔不成立。

理由：乙施工单位安装设备故障和调试设备损坏，给甲施工单位造成了费用和工期的增加，乙施工单位应当承担责任，但甲、乙施工单位没有直接合同关系，故甲施工单位可以向业主提出费用和工期索赔，而不能向乙施工单位提出费用和工期索赔，待甲施工单位提出索赔后，业主可向乙施工单位就此提出索赔。

问题 2：

业主代表的做法妥当。

理由：根据相关规定，经监理人检查质量合格或者监理人未按约定时间进行检查的，承包人覆盖工程隐蔽部位后，对其质量有疑问的，可要求承包人对已覆盖的部位进行钻孔探测或揭开重新检验，承包人应遵照执行，并在检验后重新覆盖恢复原状。

问题3：

事件1～4发生后，事件工期为50+20+2+6+30=108（天），其中E为关键工作，所以E的开始时间为第79天（第78天末）。由于A工作延长3天，D工作延长2天，所以G工作最早第81天（第80天末）开始。

问题4：

（1）补偿费用。

1）业主应补偿甲施工单位的费用：

事件1：（50×80+10×500）×（1+10%）×（1+6%）×（1+9.8%）=11522.41（元）。

事件4：（36×80×70%+6×500×80%）×（1+9.8%）=4848.77（元）。

合计：11522.41+4848.77=16371.18（元）。

2）业主应补偿乙施工单位的费用：

事件3：[2.5+0.5×（1+55%+45%）]×（1+9.8%）×10000=38430.00（元）。

事件4：扣回4848.77元。

合计：38430.00−4848.77=33581.23（元）。

（2）延长工期。

1）业主应批准甲施工单位工期延长：3+3=6（天）。

2）业主应批准乙施工单位工期延长：2天。

第六章　工程结算与决算

工程结算与决算是建设工程计价的重要组成部分。发承包双方依据建设工程发承包合同进行工程预付款、进度款、竣工价款结算的活动。本章分别从工程结算、竣工结算两个角度，着重介绍了关于工程价款、工程预付款、期中价款支付、质量保证金、竣工结算、投资偏差与进度偏差的知识点。

第六章在考试中对应试题五（2019 年真题对应试题四），共计 20 分。工程结算与决算出题模式比较固定，解题技巧容易掌握，所以得分率相对其他试题较高。对于此章知识点重在理解、灵活应用、掌握解题技巧。

知识脉络

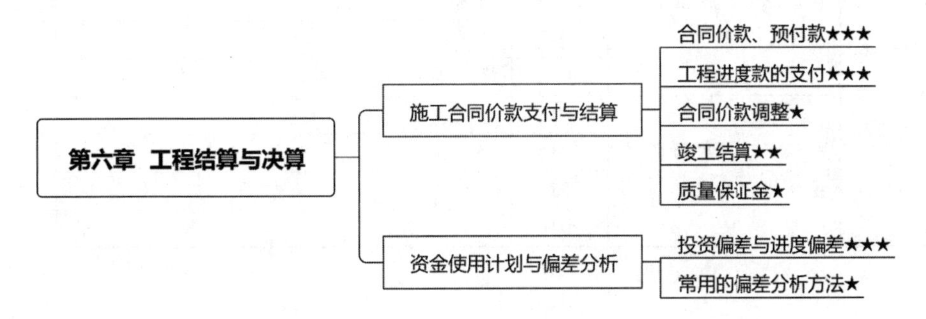

考情分析

近四年真题分值分布统计表　　（单位：分）

模块	知识点	近 4 年考查情况		分值
		年份	考查知识点	
模块一：施工合同价款支付与结算	知识点 1：合同价款、预付款	2019	合同价款、预付款、安全文明施工费	4
		2018	合同价款、预付款、安全文明施工费	4
		2017	合同价款、预付款、安全文明施工费	4
		2016	合同价款、预付款	4
	知识点 2：工程进度款的支付	2019	期中支付价款的计算	4
		2018	期中支付价款的计算、增值税应缴纳税额计算	5
		2017	期中支付价款的计算、增值税应缴纳税额计算	12
		2016	期中支付价款的计算	6
	知识点 3：合同价款调整	2019	分项工程项目、措施项目、分包专业工程项目合同价款的调整	6
		2018	—	0
		2017	—	0
		2016	—	0

续表

模块	知识点	近4年考查情况		分值
		年份	考查知识点	
模块一：施工合同价款支付与结算	知识点4：竣工结算	2019	实际工程款的支付、竣工结算尾款	3
		2018	竣工结算价款增减额、竣工结算尾款	4
		2017	竣工结算价款增减额、实际支付价款	4
		2016	竣工结算款的支付	3
	知识点5：质量保证金	2019	—	0
		2018	—	0
		2017	—	0
		2016	—	0
模块二：资金使用计划与偏差分析	知识点6：投资偏差与进度偏差	2019	进度偏差	3
		2018	进度偏差	7
		2017	进度偏差	2
		2016	投资偏差与进度偏差	7
	知识点7：常用的偏差分析方法	2019	—	0
		2018	—	0
		2017	—	0
		2016	—	0

模块一：施工合同价款支付与结算

知识点 1 合同价款、预付款

一、合同价款

合同价款即签约合同价，按费用构成的建筑安装工程的计算，包括人工费、材料费、机具费、管理费、利润、规费和税金；按造价构成的建筑安装工程费的计算，包括分部分项工程费、措施项目费、其他项目费、规费和税金。

初始合同价款的计算公式如下：

初始合同价款（签约合同价款）＝［分项工程费用＋单价措施项目费用＋总价措施项目费用（包括安全文明施工费）＋（计划）计日工＋专业分包暂估价＋总承包服务费＋暂列金额］×（1＋规费费率）×（1＋税率）

➤ **注意：** 合同价款中各项费用均为签订合同时的计划费用。

二、预付款及计算

预付款及计算的内容见表 6-1-1。

表 6-1-1 预付款及计算

项目	相关内容
预付款	(1) 工程预付款是由发包人按照合同约定，在正式开工前由发包人预先支付给承包人，用于购买工程施工所需的材料和组织施工机械和人员进场的价款 (2) 包括材料（设备）预付款、措施项目预付款、安全文明施工费预付款
预付款的支付	(1) 发包人根据工程的特点、工期长短、市场行情、供求规律等因素，招标时在合同条件中约定工程预付款的百分比 (2) 包工包料工程的预付款的支付比例不得低于签约合同价（扣除暂列金额）的 10%，不宜高于签约合同价（扣除暂列金额）的 30%
预付款的扣回	(1) 按合同约定方式扣款 (2) 起扣点算法。从未施工工程尚需的主要材料及构件的价值相当于工程预付款数额时起扣，此后每次结算工程价款时，按材料所占比重扣减工程价款，至工程竣工前全部扣清。起扣点的公式如下： $T=P-\frac{M}{N}$ 式中，T——起扣点；M——工程预付款限额；N——主要材料所占比重；P——承包工程价款总额

续表

项目	相关内容
预付款计算	(1) 材料(设备)预付款公式: 材料(设备)预付款=预付款基数×(1+规费费率)×(1+税率)×预付款比例 (2) 措施项目预付款公式: 措施项目预付款=预付款基数×(1+规费费率)×(1+税率)×预付款比例×工程款支付比例 (3) 安全文明施工费: 根据《建设工程工程量清单计价规范》(GB 50500—2013)的规定,发包人应在开工后28天内预付不低于当年施工进度计划的安全文明施工费总额的60%,其余与进度款同期支付 根据《建设工程施工合同(示范文本)》(GF—2017—0201)通用条款的规定,除专用条款另有约定外,发包人应在工程开工后的28天内,预付安全文明施工费总额的50%,其余部分与进度款同期支付

注:(1) 材料(设备)预付款要全款扣回,措施项目预付款、安全文明施工费预付款是按工程款发放,不用扣回。

(2) 在题目背景中会明确给出预付款基数、预付款比例及扣回方式。

➤ **考分统计:**此部分内容是本章的重点,近4年的考题均有涉及,应该做重点掌握。主要从工程签约合同价、工程预付款、措施预付款及安全文明施工费预付款的计算考查。题干中的支付方式需要着重标记,对预付款的计算起到至关重要的作用。

知识点 2 工程进度款的支付(期中支付)

一、工程进度款

工程进度款支付(合同价款的期中支付)是指发包人在合同工程施工过程中,按照合同约定对付款周期内承包人完成的合同价款给予支付的款项。

工程进度款具体内容见表6-1-2。

表6-1-2 工程进度款具体内容

进度款计量	相关内容
已完工程量的计量	合同约定范围的,检验合格的,按照合同约定的计量办法计量
期中支付价款的计算	(1) 已完工程的结算价款。已标价工程量清单中的单价项目,承包人应按工程计量确认的工程量与综合单价计算。如综合单价发生调整的,以发承包人确认调整的综合单价计算进度款 已标价工程量清单中的总价项目,承包人应按合同中约定的进度款支付分解,分别列入进度款支付申请中的安全文明施工费和本周期应支付的总价项目金额中 (2) 结算价款的调整。承包人现场签证和得到发包人确认的索赔金额列入本周期应增加的金额中。由发包人提供的材料、工程设备金额,应按照发包人签约提供的单价和数量从进度款支付中扣除出,列入本周期应扣减的金额中 (3) 进度款支付比例。进度款的支付比例按照合同约定,按期中结算价款总额计,不低于60%,不高于90%

续表

进度款计量	相关内容
期中支付的文件（进度款支付申请）	支付申请的内容包括： （1）累计已完成的合同价款 （2）累计已实际支付的合同价款 （3）本周期合计完成的合同价款 本周期合计完成的合同价款包括：①本周期已完成单价项目的金额；②本周期应支付的总价项目的金额；③本周期已完成的计日工价款；④本周期应支付的安全文明施工费；⑤本周期应增加的金额 （4）本周期合计应扣减的金额，包括：①本周期应扣回的预付款；②本周期应扣减的金额 （5）本周期实际应支付的合同价款

二、增值税应缴纳税额计算

增值税应缴纳税额计算方法有两种：一种是简易计税方法，一种是一般计税方法。

（一）简易计税方法

简易计税的公式如下：

应缴纳税额＝不含税销售额×税率

（二）一般计税方法

1. 无可抵扣进项税额

当无可抵扣进项税时，一般计税公式为：

应纳税额＝不含税销售额×税率

2. 有可抵扣进项税额

当有可抵扣进项税时，一般计税公式为：

应纳税额＝销项税额－进项税额

＝不含税销售额×税率－可抵扣进项费用×税率－可抵扣设备投资×税率

＝含税销售额/（1＋税率）×税率－可抵扣进项费用×税率－可抵扣设备投资×税率

➤ **考分统计**：此部分内容是本章的重点，近4年考题均有涉及，应该做重点掌握。2017、2018连续两年对增值税内容作了考查，复习时需要提起注意。

知识点 3　合同价款调整

一、合同价款调整的事项

（1）法规变化类（主要包括：法律法规变化事件）。

（2）工程变更类（主要包括：工程变更、项目特征不符、工程量清单缺项、工程量偏差、计日工等事件）。

（3）物价变化类（主要包括：物价波动、暂估价事件）。

（4）工程索赔类［主要包括：不可抗力、提前竣工（赶工补偿）、误期赔偿、索赔等事件］。

（5）其他类（主要包括现场签证以及承包双方约定的其他调整事件）。

二、法律变化引起的合同价款调整

施工合同履行期间，在基准日（投标截止时间前的第28天或建设工程施工合同签订前的第28天）后，因执行相应的法律、法规、规章和政策引起工程造价发生增减变化的，合同双方当事人应当依据法律、法规、规章和有关政策的规定调整合同价款。

有关价格的变化已经包含在物价波动时间的调价公式中，所以不再予以考虑。

如果由于承包人的原因导致的工期延误，则按不利于承包人的原则调整合同价款（在工程延误期间国家的法律、行政法规和相关政策发生变化引起工程造价变化的，造价合同价款增加的，合同价款不予调整；造成合同价款减少的，合同价款予以调整）。

三、工程量偏差引起的合同价款调整

合同中没有约定或约定不明的，可以按以下原则办理：

（一）综合单价的调整原则

当应予以计算的实际工程量与招标工程量清单出现偏差（包括因工程变更等原因导致的工程量偏差）超过15%时，对综合单价的调整原则为：当工程量增加15%以上时，其增加部分的工程量的综合单价应予以调低；当工程量减少15%以上时，减少后剩余的部分的工程量的综合单价应予以调高。具体调整方法在合同中约定。

（二）总价措施项目费的调整

当应予以计算的实际工程量与招标工程量清单出现偏差（包括因工程变更等原因导致的工程量偏差）超过15%，且该变化引起的措施项目相应发生变化，如该措施项目是按系数或单一总价方式计价的，对措施项目费的调整原则为：工程量增加的，措施项目费调增，工程量减少的，措施项目费调低。具体调整方法在合同中约定。

工程量风险系数的应用按照图6-1-1的原则调整。

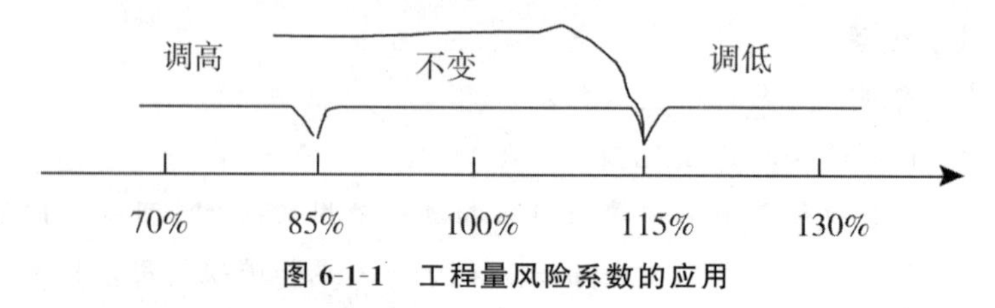

图 6-1-1 工程量风险系数的应用

四、物价变化类引起的合同价款调整

（一）采用价格指数调整价格差额

因人工、材料、工程设备和施工机具台班等价格波动影响合同价款时，依据投标函附录中的价格指数和权重表约定的数据，按以下价格调整公式计算差额并调整合同价款：

$$\Delta P = P_0\left[A + \left(B_1 \times \frac{F_{t1}}{F_{01}} + B_2 \times \frac{F_{t2}}{F_{02}} + B_3 \times \frac{F_{t3}}{F_{03}} + \cdots + B_n \times \frac{F_{tn}}{F_{0n}}\right) - 1\right]$$

式中，ΔP——需调整的价格差额；P_0——根据进度付款、竣工付款和最终结清等付款证书中，承包人应得到的已完成工程量的金额。此项金额应不包括价格调整、不计质量保证金的扣留和支付、预付款的支付和扣回；变更及其他金额已按现行价格计价的，不计在内；A——定值权重（即不调部分的权重）；B_1，B_2，B_3，…，B_n——各可调因子的变值权重（即可调部分的权重）为各可调因子在投标函投标总报价中所占比例；F_{t1}，F_{t2}，F_{t3}，…，F_{tn}——各可调因子的现行价格指数，指根据进度付款、竣工付款和最终结清等约定的付款证书相关周期

最后一天的前 42 天的各可调因子的价格指数；F_{01}，F_{02}，F_{03}，…，F_{0n}——各可调因子的基本价格指数，指基准日的各可调因子的价格指数。

（二）采用造价信息调整价格差额

施工期内，因人工、材料、工程设备和施工机械台班价格波动影响合同价格时，人工、施工机械使用费按照有关部门或其授权的工程造价管理机构发布的人工成本信息、施工机械台班单价或施工机具使用费系数进行调整。

➤ **考分统计**：依据近 4 年真题统计的情况，合同价款调整仅在 2019 年进行了考查，考查频次为 25%，但作为基础知识点内容及解题思路，是需要重点掌握的内容。

知识点 4 竣工结算

一、工程竣工结算的计价原则

在采用工程量清单计价的方式下，工程竣工结算的计价原则见表 6-1-3。

表 6-1-3 工程竣工结算的计价原则

建筑安装工程费构成	计价原则
分部分项工程和措施项目	（1）分部分项工程和措施项目中的单价项目应依据双方确认的工程量与已标价工程量清单的综合单价计算；如发生调整的，以发承包双方确认调整的综合单价计算 （2）措施项目中的总价项目应依据合同约定的项目和金额计算；如发生调整的，以发承包双方确认调整的金额计算 （3）安全文明施工费必须按照国家或省级、行业建设主管部门的规定计算
其他项目	（1）计日工应按发包人实际签证确认的事项计算 （2）暂估价应按发承包双方按照《清单计价规范》的相关规定计算 （3）总承包服务费应依据合同约定金额计算，如发生调整的，以发承包双方确认调整的金额计算 （4）施工索赔费用，发承包双方确认的金额计算 （5）现场签证费用，发承包双方签证资料确认的金额计算 （6）暂列金额应减去工程价款调整（包括索赔、现场签证）金额计算，如有余额归发包人
规费	应按照国家或省级、行业建设主管部门的规定计算
税金	应按照国家或省级、行业建设主管部门的规定计算

注：发承包双方在合同工程实施过程中已经确认的工程计量结果和合同价款，在竣工结算办理中应直接进入结算。

二、质量争议工程的竣工结算

发包人以对工程质量有异议，拒绝办理工程竣工结算的：

（1）已经竣工验收或已竣工未验收但实际投入使用的工程，其质量争议按该工程保修合同执行，竣工结算按合同约定办理。

（2）已竣工未验收且未实际投入使用的工程以及停工、停建工程的质量争议，双方应就有争议的部分委托有资质的检测鉴定机构进行检测，根据检测结果确定解决方案，或按工程质量监督机构的处理决定执行后办理竣工结算，无争议部分的竣工结算按合同约定办理。

三、竣工结算款的支付

竣工结算款支付相关内容见表 6-1-4。

表 6-1-4 竣工结算款支付相关内容

竣工结算款的主要支付程序	相关内容
承包人提交竣工结算款支付申请	承包人提交竣工结算款支付申请承包人应根据办理的竣工结算文件，向发包人提交竣工结算款支付申请。该申请应包括下列内容： (1) 竣工结算合同价款总额 (2) 累计已实际支付的合同价款 (3) 应扣留的质量保证金 (4) 实际应支付的竣工结算款金额
发包人签发竣工结算支付证书	发包人应在收到承包人提交竣工结算款支付申请后规定时间内予以核实，向承包人签发竣工结算支付证书
支付竣工结算款	发包人签发竣工结算支付证书后的规定时间内，按照竣工结算支付证书列明的金额向承包人支付结算款

➢ **考分统计**：依据近 4 年真题统计的情况，竣工结算均进行了考查，考查频率较高，解题思路比较固定，分值容易拿到。

知识点 5 质量保证金

质量保证金的预留、使用和返还见表 6-1-5。

表 6-1-5 质量保证金的预留、使用和返还

质量保证金	相关内容
保证金的预留	(1) 监理人应从第一个付款周期开始，在发包人的进度付款中，按约定比例扣留质量保证金，直至扣留的质量保证金总额达到专用条款约定的金额或比例为止 (2) 全部或者部分使用政府投资的建设项目，按工程价款结算总额 3%的比例预留保证金
保证金的使用	在缺陷责任期内： (1) 由承包人施工造成的缺陷，应当由承包人负责修理并承担经济责任 (2) 由于发包人原因造成的质量缺陷，应由发包人或使用人自行承担经济责任 (3) 不可抗力造成的质量缺陷不属于规定的保修范围，承包人不承担经济责任
保证金的返还	缺陷责任期内，承包人认真履行合同约定的责任。约定的缺陷责任期满，承包人向发包人申请返还保证金 发包人核实无异议，应在规定时间内将剩余工程质量保证金返还承包人

➢ **考分统计**：依据近 4 年真题统计的情况，质量保证金均没有直接出题，而是作为计算竣工结算的过程进行考查，间接考查频次较多，需要重点掌握其计算公式。

模块二：资金使用计划与偏差分析

知识点 6　投资偏差与进度偏差

一、投资类型

三种投资类型具体内容见表 6-2-1。

表 6-2-1　三种投资类型

投资类型	含义	公式
拟完工程计划投资	拟完工程计划投资是指根据进度计划安排在某一确定时间内所应完成的工程内容的计划投资	拟完工程计划投资（BCWS）＝拟完工程量×计划单价
已完工程实际投资	已完工程实际投资是根据实际进度完成状况在某一确定时间内已经完成的工程内容的实际投资	已完工程实际投资（ACWP）＝实际工程量×实际单价
已完工程计划投资	已完工程计划投资是指根据实际进度完成状况，在某一确定时间内已经完成的工程所对应的计划投资额	已完工程计划投资（BCWP）＝实际工程量×计划单价
在进行有关偏差分析时，为简化起见，通常进行如下假设：拟完工程计划投资中的拟完工程量，与已完工程实际投资中的实际工程量在总额上是相等的，两者之间的差异只在于完成的时间进度不同		

二、投资偏差和进度偏差

费用偏差及其表示方法见表 6-2-2。

表 6-2-2　费用偏差及其表示方法

费用偏差与偏差参数	表示方法	含义
投资偏差	投资偏差（CV）＝已完工程计划投资（BCWP）－已完工程实际投资(ACWP)＝实际工程量×(计划单价－实际单价)	投资偏差结果为正值表示投资节约；结果为负值表示投资超支
进度偏差	进度偏差（SV）＝已完工程计划时间－已完工程实际时间 进度偏差（SV）＝已完工程计划投资（BCWP）－拟完工程计划投资(BCWS)＝(实际工程量－拟完工程量）×计划单价	进度偏差结果为正值时，表示工期提前；结果为负值时，表示工期拖延
绝对偏差和相对偏差	投资相对偏差＝绝对偏差/投资计划值＝(投资计划值－投资实际值）/投资计划值	相对偏差与绝对偏差可正可负，且二者符号相同。正值表示费用节约，负值表示费用超支
绩效指数	费用绩效指数（CPI）＝已完工程计划投资（BCWP）/已完工程实际投资（ACWP）	CPI＞1，表示实际投资节约；CPI＜1，表示实际投资超支
	进度绩效指数（SPI）＝已完工程计划投资（BCWP）/拟完工程计划投资（BCWS）	SPI＞1，表示实际进度超前；SPI＜1，表示实际进度拖后

➤ **考分统计**：此部分内容是本章的重点，近 4 年的考题均有涉及，主要从投资偏差与进度偏差考查，应该做重点掌握。

知识点 7 常用的偏差分析方法

常用的偏差分析方法包括横道图法、时标网络图法、表格法和曲线法。

一、横道图法

【例】 假设某项目共含有两个子项工程，A 子项和 B 子项，各自的拟完工程计划投资、已完工程实际投资和已完工程计划投资见图 6-2-1。

分项工程	进度计划/周					
	1	2	3	4	5	6
A	8	8	8			
		6	6	6	6	
		5	5	6	7	
B		9	9	9	9	
			9	9	9	9
			11	10	8	8

图 6-2-1 某工程计划与实际进度横道图（单位：万元）

注：——表示拟完工程计划投资；……表示已完工程计划投资；------表示已完工程实际投资。

根据图 6-2-1 中数据，按照每周各子项工程拟完工程计划投资、已完工程计划投资、已完工程实际投资的累计值进行统计，可以得到表 6-2-3 的数据。

表 6-2-3 投资数据表（单位：万元）

项目	投资数据					
	1	2	3	4	5	6
每周拟完工程计划投资	8	17	17	9	9	—
拟完工程计划投资累计	8	25	42	51	60	—
每周已完工程计划投资	—	6	15	15	15	9
已完工程计划投资累计	—	6	21	36	51	60
每周已完工程实际投资	—	5	16	16	15	8
已完工程实际投资累计	—	5	21	37	52	60

根据表 6-2-3 中数据可以求得相应的投资偏差和进度偏差，例如：

第 4 周末投资偏差＝已完工程计划投资－已完工程实际投资＝36－37＝－1（万元），即投资增加 1 万元。

第 4 周末进度偏差＝已完工程计划投资－拟完工程计划投资＝36－51＝－15（万元），即进度拖后 15 万元。

二、时标网络图法

【例】 假设某工程的部分时标网络图见图 6-2-2。

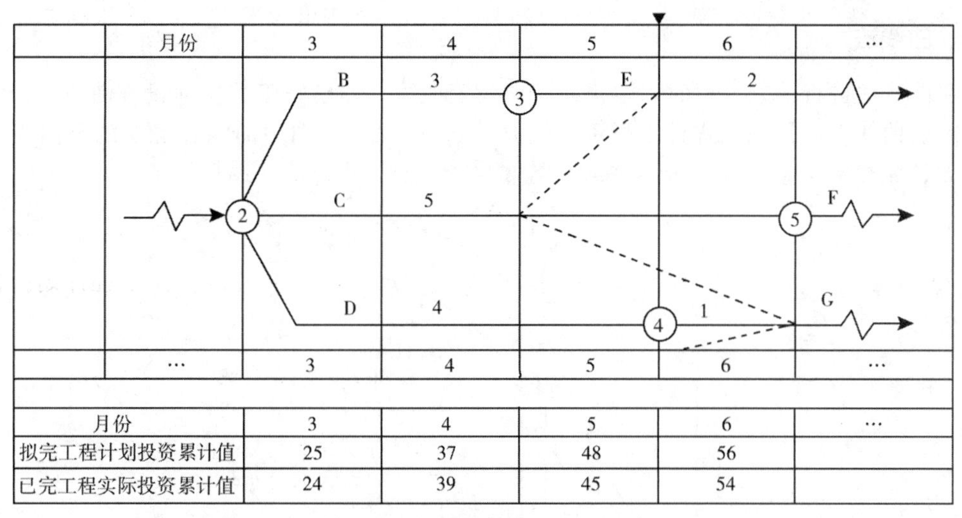

月份	3	4	5	6	…
拟完工程计划投资累计值	25	37	48	56	
已完工程实际投资累计值	24	39	45	54	

图 6-2-2　某工程时标网络图（投资数据单位：万元）

注：图中每根箭头线上方数值为该工作每月计划投资。

图中第五月末用▼标示的虚节线即为实际进度前锋线，其与各工序的交点即为各工序的实际完成进度。因此：

5 月末的已完工程计划投资累计值＝48－5＋1＝44（万元），

则可以计算出投资偏差和进度偏差。

5 月末的投资偏差＝已完工程计划投资－已完工程实际投资＝44－45＝－1（万元），

即投资增加 1 万元。

5 月末的进度偏差＝已完工程计划投资－拟完工程计划投资＝44－48＝－4（万元），

即进度拖延 4 万元。

三、表格法

投资偏差和进度偏差分析见表 6-2-4。

表 6-2-4　投资偏差和进度偏差分析

项目编码		021		022		023	
项目名称		土方开挖工程		打桩工程		混凝土基础工程	
费用及偏差	代码或计算	单位	数量	单位	数量	单位	数量
计划单价	(1)	元/m^3	6	元/m	8	元/m^3	10
拟完工程量	(2)	m^3	500	m	80	m^3	200
拟完工程计划投资	(3) = (1) × (2)	元	3000	元	640	元	2000
已完工程量	(4)	m^3	600	m	90	m^3	180
已完工程计划投资	(5) = (1) × (4)	元	3600	元	720	元	1800
实际单价	(6)	元/m^3	7	元/m	7	元/m^3	9
已完工程实际投资	(7) = (4) × (6)	元	4200	元	630	元	1620
费用偏差	(8) = (5) － (7)	元	－600	元	90	元	180
费用绩效指数	(9) = (5) / (7)	—	0.857	—	1.143	—	1.111
进度偏差	(10) = (5) － (3)	元	600	元	80	元	－200
进度绩效指数	(11) = (5) / (3)	—	1.2	—	1.125	—	0.9

四、曲线法

在用曲线法进行偏差分析时，通常有三条投资曲线，即已完工程实际投资曲线 a，已完工程计划投资曲线 b 和拟完工程计划投资曲线 P，见图 6-2-3，图中曲线 a 和 b 的竖向距离表示投资偏差，曲线 P 和 b 的水平距离表示进度偏差。

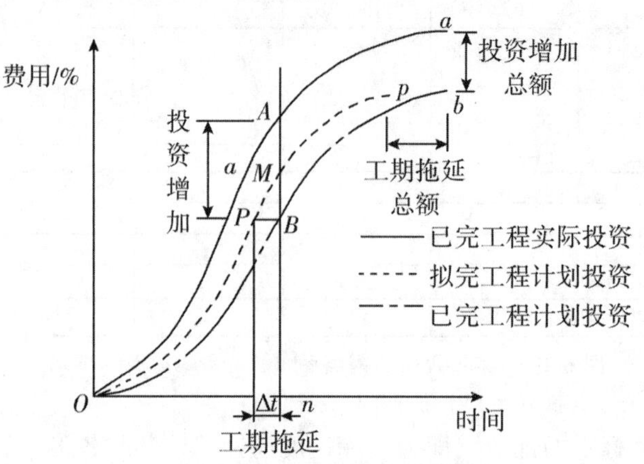

图 6-2-3　三种投资参数曲线

➢ **考分统计**：依据近 4 年真题统计的情况，常用的偏差分析方法贯穿在投资偏差和进度偏差的计算中，尤其是横道图法，作为基础知识点内容及解题思路，是需要重点掌握的内容。

典型例题

1.【**2019 真题**】某工程项目发承包双方签订了建设工程施工合同，工期 5 个月，有关背景资料如下：

1. 工程价款方面：

（1）分项工程项目费用合计 824000 元，包括分项工程 A、B、C 三项，清单工程量分别为 800m³、1000m³、1100m²，综合单价分别为 280 元/m³、380 元/m³、200 元/m²，当分项工程项目工程量增加（或减少）幅度超过 15%时，综合单价调整系数为 0.9（或 1.1）。

（2）单价措施项目费用合计 90000 元，其中与分项工程 B 配套的单价措施项目费用为 36000 元，该费用根据分项工程 B 的工程量变化同比例变化，并在第 5 个月统一调整支付，其他单价措施项目费用不予调整。

（3）总价措施项目费用合计 130000 元，其中安全文明施工费按分项工程和单价措施项目费用之和的 5%计取，该费用根据计取基数变化在第 5 个月统一调整支付，其余总价措施项目费用不予调整。

（4）其他项目费用合计 206000 元，包括暂列金额 80000 元和需分包的专业工程暂估价 120000 元（另计总承包服务费 5%）。

（5）上述工程费用均不包含增值税可抵扣进项税额。

（6）管理费和利润按人材机费用之和的 20%计取，规费按人材机费、管理费、利润之和的 6%计取，增值税税率为 9%。

2. 工程款支付方面：

（1）开工前，发包人按签约合同价（扣除暂列金额和安全文明施工费）的 20%支付给承包人作为预付款（在施工期间的第 2～4 个月的工程款中平均扣回），同时将安全文明施工费按工程款支付方式提前支付给承包人。

（2）分项工程项目工程款逐月结算。

（3）除安全文明施工费之外的措施项目工程款在施工期间的第1～4个月平均支付。

（4）其他项目工程款在发生当月结算。

（5）发包人按每次承包人应得工程款的90%支付。

（6）发包人在承包人提交竣工结算报告后的30天内完成审查工作，承包人向发包人提供所在开户银行出具的工程质量保函（保函额为竣工结算价的3%），并完成结清支付。

施工期间各月分项工程计划和实际完成工程量见表6-D-1。

表6-D-1　施工期间各月分项工程计划和实际完成工程量表

分项工程		施工周期/月					合计
		1	2	3	4	5	
A	计划工程量/m^3	400	400				800
	实际工程量/m^3	300	300	200			800
B	计划工程量/m^3	300	400	300			1000
	实际工程量/m^3		400	400	400		1200
C	计划工程量/m^2			300	400	400	1100
	实际工程量/m^2			300	450	350	1100

施工期间第3个月，经发承包双方共同确认：分包专业工程费用为105000元（不含可抵扣进项税），专业分包人获得的增值税可抵扣进项税额合计为7600元。

【问题】

1. 该工程签约合同价为多少元？安全文明施工费工程款为多少元？开工前发包人应支付给承包人的预付款和安全文明施工费工程款分别为多少元？

2. 施工至第2个月末，承包人累计完成分项工程合同价款为多少元？发包人累计应支付承包人的工程款（不包括开工前支付的工程款）为多少元？分项工程A的进度偏差为多少元？

3. 该工程的分项工程项目、措施项目、分包专业工程项目合同额（含总承包服务费）分别增减多少元？

4. 该工程的竣工结算价为多少元？如果在开工前和施工期间发包人均已按合同约定支付了承包人预付款和各项工程款，则竣工结算时，发包人完成结清支付时，应支付给承包人的结算款为多少元？

（计算结果四舍五入取整数）

【参考答案】

问题1：

（1）合同价＝（824000＋90000＋130000＋206000）×（1＋6%）×（1＋9%）＝1444250（元）；

（2）安全文明施工费＝（824000＋90000）×5%×（1＋6%）×（1＋9%）＝52802（元）；

（3）应付预付款＝［1444250－（824000＋90000）×5%×（1＋6%）×（1＋9%）－80000×（1＋6%）×（1＋9%）］×20%＝259803（元）；

应付安全文明施工费＝52802×90%＝47522（元）。

【点拨】本题考查知识点1：合同价款、预付款——合同价款、预付款、安全文明施工费。

问题2：

（1）2月份承包人累计完成分项工程合同价款＝

［（300＋300）×280＋400×380］×（1＋6%）×（1＋9%）＝369728（元）；

（2）2月份承包人累计完成工程款＝

$$[(300+300)\times280+400\times380+\frac{(90000+130000)-(824000+90000)\times5\%}{4}\times2]\times(1+6\%)\times(1+9\%)=470421（元）；$$

发包人累计应支付承包人的工程款＝$470421\times90\%-\frac{259803}{3}=336778$（元）。

【点拨】本小问考查知识点2：工程进度款的支付——期中支付价款的计算。

（3）A工程的进度偏差计算：

拟完工程计划投资＝（400＋400）×280×（1＋6%）×（1＋9%）＝258810（元）；

已完工程计划投资＝（300＋300）×280×（1＋6%）×（1＋9%）＝194107（元）；

进度偏差＝194107－258810＝－64703（元）；

【点拨】本小问考查知识点6：投资偏差与进度偏差——进度偏差。

分项工程A进度落后64703元。

问题3：

（1）分项工程项目增减额：

B分项工程的工程量增加幅度＝$\frac{1200-1000}{1000}\times100\%=20\%$，B分项工程量的增加超过15%，故需调整B分项工程项目合同额。

B分项工程增加合同额＝｛［1200－1000×（1＋15%）］×380×0.9＋1000×（1＋15%）×380－1000×380｝×（1＋6%）×（1＋9%）＝85615（元）。

（2）措施项目增减额：

B项目的单价措施费增加额＝36000×20%×（1＋6%）×（1＋9%）＝8319（元）；

安全文明施工费增加额＝（85615＋8319）×5%＝4697（元）；

故，措施费增加额＝4697＋8319＝13016（元）。

（3）分包专业工程项目增减额：

分包专业工程项目（含总承包服务费）减少额＝［120000×（1＋5%）－105000×（1＋5%）］×（1＋6%）×（1＋9%）＝18198（元）。

【点拨】本题考查知识点3：合同价款调整——分项工程项目、措施项目、分包专业工程项目合同价款的调整。

问题4：

（1）竣工结算价（实际造价）＝1444250＋85615＋13016－18198－80000×（1＋6%）×（1＋9%）＝1432251（元）；

（2）竣工结算款（尾款）＝1432251×（1－90%）＝143225（元）。

【点拨】本题考查知识点4：竣工结算——实际工程款的支付、竣工结算尾款。

2.**【2018真题】**某工程项目发包人与承包人签订了施工合同，工期5个月。合同约定的工程内容及其价款包括：分部分项工程项目（含单价措施项目）4项。费用数据与经批准的施工进度计划见表6-D-2。总价措施项目费为10万元（其中含安全文明施工费6万元）；暂列金额5万元。管理费和利润为不含税人材机费之和的12%，规费为不含税人材机费与管理费、

利润之和的6%，增值税税率为10%。

表6-D-2　分部分项工程项目费用数据与施工进度计划表

分部分项工程项目（含单价措施项目）				施工进度计划/月				
名称	工程量	综合单价	合价/万元	1	2	3	4	5
A	800m^3	360元/m^3	28.8					
B	900m^3	420元/m^3	37.8					
C	1200m^3	280元/m^3	33.6					
D	1000m^3	200元/m^3	20.0					
合计			120.2	注：计划和实际施工进度均为匀速进度				

有关工程价款支付条款如下：

(1) 开工前，发包人按签约合同价（扣除安全文明施工费和暂列金额）的20%作为预付款支付承包人，预付款在施工期间的第2～5个月平均扣回，同时将安全文明施工费的70%作为提前支付的工程款。

(2) 分部分项工程项目工程款在施工期间逐月结算支付。

(3) 分部分项工程C所需的工程材料C_1用量1250m^3，承包人的投标报价为60元/m^3（不含税）。当工程材料C_1的实际采购价格在投标报价的±5%以内时，分部分项工程C的综合单价不予调整；当变动的幅度超过该范围时，按超过的部分调整分部分项工程C的综合单价。

(4) 除开工前提前支付的安全文明施工费工程款之外的总价措施项目工程款，在施工期间的第1～4个月平均支付。

(5) 发包人按每次承包人应得工程款的90%支付。

(6) 竣工验收通过后45天内办理竣工结算，扣除实际工程含税总价款3%工程质量保证金，其余工程款发承包双方一次性结清。

该工程如期开工，施工中发生了经发承包双方确认的下列事项：

(1) 分部分项工程B的实际施工时间为第2～4个月。

(2) 分部分项工程C所需的工程材料C_1实际采购价格为70元/m^3（含可抵扣进项税，税率为3%）。

(3) 承包人索赔的含税工程款为4万元。

其余工程内容的施工时间和价款均与签约合同相符。

【问题】

1. 该工程签约合同价（含税）为多少万元？开工前发包人应支付给承包人的预付款和安全文明施工费工程款分别为多少万元？

2. 第2个月，发包人应支付给承包人的工程款为多少万元？截止到第2个月末，分部分项工程的拟完工程计划投资、已完工程计划投资分别为多少万元？工程进度偏差为多少万元？并根据结算结果说明进度快慢情况。

3. 分部分项工程C的综合单价应调整为多少元/m^3？如果除工程材料C_1外的其他进项税额为2.8万元（其中，可抵扣进项税额为2.1万元），则分部分项工程C的销项税额、可抵扣进项税额和应缴纳增值税额分别为多少万元？

4. 该工程实际总造价（含税）比签订合同价（含税）增加（或减少）多少万元？假定在办理竣工结算前发包人已支付给承包人的工程款（不含预付款）累计为110万元，则竣工结算时发包人应支付给承包人的结算尾款为多少万元？

（计算结果以元为单位的保留两位小数，以万元为单位的保留三位小数）

【参考答案】

问题1：

（1）该工程签约合同价（含税）为：

（120.2＋10＋5）×（1＋6%）×（1＋10%）＝157.643（万元）。

【点拨】本题考查知识点1：合同价款、预付款——工程签约合同价款。

（2）开工前发包人应支付给承包人的预付款为：

（157.643－6×1.06×1.1－5×1.06×1.1）×20%＝28.963（万元）。

【点拨】本题考查知识点1：合同价款、预付款——工程预付款。

（3）开工前发包人应支付给承包人安全文明施工措施费工程款：

6×70%×（1＋6%）×（1＋10%）×90%＝4.407（万元）。

【点拨】本题考查知识点1：合同价款、预付款——安全文明施工费。

问题2：

（1）第2个月发包人应支付给承包人的工程款：

{［（28.8/2）＋（37.8/3）］×（1＋6%）×（1＋10%）＋［10×（1＋6%）×（1＋10%）－4.897］/4}×90%－28.963/4＝22.615（万元）。

【点拨】本题考查知识点2：工程进度款的支付——期中支付价款的计算。

（2）拟完工程计划投资：

（28.8＋37.8/2）×（1＋6%）×（1＋10%）＝55.618（万元）。

已完工程计划投资：

（28.8＋37.8/3）×（1＋6%）×（1＋10%）＝48.272（万元）。

工程进度偏差＝48.272－55.618＝－7.346（万元），进度滞后7.346万元。

【点拨】本题考查知识点6：投资偏差与进度偏差——进度偏差。

问题3：

（1）C_1 实际采购价（不含税）＝70/（1＋3%）＝67.96（元/m^3），

（67.96－60）/60＝13.27%＞5%，综合单价可以进行调整。

材料 C_1 的单价可调整额为：（67.96－60×1.05）×（1＋12%）＝5.56（元/m^3）。

材料C，调整后的综合单价为280＋5.56×1250/1200＝285.79（元/m^3）。

（2）销项税额＝285.79×1200/10000×（1＋6%）×10%＝36352.488（元）＝3.635（万元）。

可抵扣的进项税额＝2.1＋67.96×3%×1250/10000＝2.355（万元）。

或：可抵扣的进项税额＝2.1＋（70－67.96）×1250/10000＝2.355（万元）。

应纳增值税额＝3.635－2.355＝1.280（万元）。

【点拨】本题考查知识点2：工程进度款的支付——增值税应缴纳税额计算。

问题4：

（1）实际总造价＝（28.8＋37.8＋1200×285.79/10000＋20＋10）×（1＋6%）×（1＋10%）＋4＝156.623（万元）；工程签约合同价＝157.643万元。

（2）156.623－157.643＝－1.020（万元），该工程实际总造价（含税）比签约合同价（含税）减少了1.020万元。

【点拨】本题考查知识点4：竣工结算——竣工结算价款增减额的计算。

(3) 假定在办理竣工结算前发包人已支付给承包人的工程款（不含预付款）累计为110万元，则竣工结算时发包人应支付给承包人的结算尾款为：

156.623 (1－3%) －110－28.963＝12.961（万元）。

【点拨】本题考查知识点4：竣工结算——竣工结算尾款的计算。

本章同步训练

试题一

某工程项目发包人与承包人签订了施工合同，工期5个月。工程内容包括A、B、C三项分项工程，综合单位分别为420.00元/m^3，550.00元/m^3，380.00元/m^3；管理费和利润为人材机费用之和的12%，规费和税金为人材机费用、管理费和利润之和的16%（不考虑人材机费用中含有可抵扣的进项税对计算结果的影响）。各分项工程每月计划和实际完成工程量见表6-T-1。措施项目费用9万元（其中含安全文明施工费3万元）；暂列金额12万元。

表6-T-1　分项工程和单价措施造价数据与施工进度计划

分项工程和单价措施项目				施工进度计划/月				
名称	工程量	综合单价	合价/万元	1	2	3	4	5
A	800m^3	240元/m^3	19.20					
B	1200m^3	550元/m^3	66.00					
C	1500m^3	380元/m^3	57.00					
合计			142.20	计划与实际施工均为匀速进度				

有关工程价款结算与支付的合同约定如下：

(1) 开工日10天前，发包人应向承包人支付合同价款（扣除暂列金额和安全文明施工费）的20%作为工程预付款，工程预付款在第3、4、5月的工程价款中平均扣回。

(2) 开工后10日内，发包人应向承包人支付安全文明施工费的60%（全额支付，不考虑发包人每月支付应得工程进度款的比例规定）。剩余部分和其它措施项目费用在第2、3、4月平均支付。

(3) 当某个分项工程工程量增加（或减少）幅度超过15%时，应调整综合单价，调整系数为0.9（或1.1）；调整后全部工程量实行新的综合单价，措施项目费按无变化考虑。

(4) 发包人按每月承包人应得工程进度款的90%支付。

(5) 竣工验收通过后的60天内进行工程竣工结算，竣工结算时扣除工程实际总价的3%作为工程质量保证金，剩余工程款一次性支付。

该工程如期开工，施工中发生了经承发包双方确认的以下事项：

(1) A分项工程实际工程量为1000m^3，第2个月发生现场计日工的人材机费用6.8万元，工作持续时间无变化。

(2) B分项工程实的实际施工时间为2～3月。

(3) C分项工程实际综合单价为450元/m^3，经双方协商确定实际结算价为400元/m^3。

(4) 第4个月发生现场签证零星工作费用2.8万元。

(计算过程及结果均保留三位小数)

问题：

1. 合同价为多少万元？预付款是多少万元？

2. 求A分项工程的实际综合单价是多少元/m^3？

3. 第2、3、4月份完成的实际工程款是多少万元？业主应付的工程款是多少万元？（当月支付的措施费计入当月完成的工程款中）

4. 列式计算第3月末累计分项工程项目拟完工程计划费用、已完工程计划费用、已完工程实际费用，并分析进度偏差（投标额表示）与费用偏差。

5. 列式计算工程实际造价及竣工结算价款。

试题二

某工程项目发承包双方签订了施工合同，工期为4个月。有关工程价款及其支付条款约定如下：

1. 工程价款

（1）分部工程项目费用合计59.2万元，包括分项工程A、B、C三项，清单工程量分别为600m^3、800m^3、900m^2，综合单价分别为300元/m^3、380元/m^3、120元/m^2。

（2）单价措施项目费用6万元，不予调整。

（3）总价措施项目费用8万元，其中，安全文明施工费按分项工程和单价措施项目费用之和的5%计取（随计取基数的变化在第4个月调整），除安全文明施工费之外的其他总价措施项目费用不予调整。

（4）暂列金额5万元。

（5）管理费和利润按人材机费用之和的18%计取，规费按人材机费和管理费、利润之和的5%计取，增值税率为11%。

（6）上述费用均不包含增值税可抵扣进项税额。

2. 工程款支付

（1）开工前，发包人按分项工程和单价措施项目工程款的20%支付给承包人作为预付款（在第2～4个月的工程款中平均扣回），同时将安全文明施工费工程款全额支付给承包人。

（2）分项工程价款按完成工程价款的85%逐月支付。

（3）单价措施项目和除安全文明施工费之外的总价措施项目工程款在工期第1～4个月均衡考虑，按85%比例逐月支付。

（4）其他项目工程款的85%在发生当月支付。

（5）第4个月调整安全文明施工费工程款，增（减）额当月全额支付（扣除）。

（6）竣工验收通过后30天内进行工程结算，扣留工程总造价的3%作为质量保证金，其余工程款作为竣工结算最终付款一次性结清。

施工期间分项工程计划和实际进度见表6-T-2。

表6-T-2　分项工程计划和实际进度表

分项工程及其工程量		第1月	第2月	第3月	第4月	合计
A	计划工程量/m^3	300	300			600
	实际工程量/m^3	200	200	200		600
B	计划工程量/m^3	200	300	300		800
	实际工程量/m^3		300	300	300	900
C	计划工程量/m^2		300	300	300	900
	实际工程量/m^2		200	400	300	900

在施工期间第3个月，发生一项新增分项工程D。经发承包双方核实确认，其工程量为

300m²，每 m² 所需不含税人工和机械费用为 110 元，每 m² 机械费可抵扣进项税额为 10 元；每 m² 所需甲、乙、丙三种材料不含税费用分别为 80 元、50 元、30 元，可抵扣进项税率分别为 3%、11%、17%。

【问题】

1. 该工程签约合同价款为多少万元？开工前发包人应支付给承包人的预付款和安全文明施工费工程款分别为多少万元？

2. 第 2 个月，承包人完成合同价款为多少万元？发包人应支付合同价款为多少万元？截止到第 2 个月末，分项工程 B 的进度偏差为多少万元？

3. 新增分项工程 D 的综合单价为多少元/m²？该分项工程费为多少万元？销项税额、可抵扣进项税额、应缴纳增值税额分别为多少万元？

4. 该工程竣工结算合同价款增减额为多少万元？如果发包人在施工期间均已按合同约定支付给承包商各项工程款，假定累积已支付合同价款 87.099 万元，则竣工结算最终付款为多少万元？

（计算过程和结果保留三位小数）

»» 参考答案 ««

试题一

问题 1：

合同价=（142.20+9+12）×（1+16%）=189.312（万元）。

预付款=（142.20+9−3）×（1+16%）×20%=34.382（万元）。

问题 2：

A 分项工程的实际工程量为 1000m³，计划工程量为 800m³，因（1000−800）/800=25%>15%，故应调整综合单价，实际综合单价为：240×0.9=216.00（元/m³）。

问题 3：

2 月份实际完成的工程款=｛[（1000×216.00）/3]/10000+66.00/2+（3×40%+6）/3+6.8×（1+12%）｝×（1+16%）=58.251（万元）。

2 月份实际应支付的工程进度款=58.251×90%=52.426（万元）。

3 月份完成的分项工程费=｛[（1000×216.00）/3]/10000+66.00/2+[（1500×400.00）/3]/10000+（3×40%+6）/3｝×（1+16%）=72.616（万元）。

3 月份实际应支付的工程进度款=72.616×90%−34.382/3=53.893（万元）。

4 月份实际完成的工程款=｛[（1500×400.00）/3]/10000+（3×40%+6）/3+2.8｝×（1+16%）=29.232（万元）。

4 月份实际应支付的工程进度款=29.232×90%−34.382/3=14.848（万元）。

问题 4：

第三月末分项工程项目：

累计拟完工程计划费用=19.20+66.00×2/3+57/3=82.200（万元）。

累计已完工程计划费用=（1000×240/10000）+66+57/3=109.000（万元）。

累计已完工程实际费用=（1000×216/10000）+66+（1500×400）/3/10000=107.600（万元）。

进度偏差=累计已完工程计划费用−累计拟完成工程计划费用=109.000−82.200=

26.800（万元），实际进度提前 26.800 万元。

费用偏差＝累计已完工程计划费用－累计已完工程实际费用＝109.000－107.600＝1.400（万元），实际费用节约 1.400 万元。

问题 5：

工程实际造价＝｛［（1000×216）＋（1200×550）＋（1500×400）］/10000＋9＋6.8×（1＋12％）＋2.8］｝×（1＋16％）＝193.739（万元）。

竣工结算价＝193.739×（1－3％）－［193.739－3×60％×（1＋16％）］×90％－3×60％×（1＋16％）＝13.353（万元）。

试题二

问题 1：

（1）该工程签约合同价＝（59.2＋6＋8＋5）×（1＋5％）×（1＋11％）＝91.142（万元）。

（2）开工前发包人应支付给承包人的预付款＝（59.2＋6）×（1＋5％）×（1＋11％）×20％＝15.20（万元）。

（3）安全文明施工费工程款＝（59.2＋6）×5％×（1＋5％）×（1＋11％）＝3.800（万元）。

问题 2：

第 2 个月，承包人完成合同价款＝［（200×300＋300×380＋200×120）/10000＋（6＋8－（59.2＋6）×5％）/4］×（1＋5％）×（1＋11％）＝26.206（万元）。

发包人应支付合同价款为＝26.206×85％－15.198/3＝17.209（万元）。

截止到第 2 个月末，分项工程 B 的进度偏差＝已完成工程计划费用－拟完工程计划费用＝（300×380－500×380）/10000＝－7.600（万元），进度拖后 7.600 万元。

或：已完工程计划投资＝300×380/10000×1.1655＝13.287（万元）。

拟完工程计划投资＝（200＋300）×380/10000×1.1655＝22.145（万元）。

进度偏差＝已完工程计划投资－拟完工程计划投资＝13.287－22.145＝－8.858（万元），进度拖后 8.858 万元。

问题 3：

（1）新增分项工程 D 的综合单价＝（110＋80＋50＋30）×（1＋18％）＝318.600（元/m^2）。

（2）该分项工程费＝300×318.6/10000＝9.558（万元）。

（3）分项工程 D 不含税造价＝9.558×（1＋5％）＝10.036（万元）。

分项工程 D 含税造价＝9.558×（1＋5％）×（1＋11％）＝11.140（万元）。

销项税额＝不含税造价×11％＝10.036×11％＝1.104（万元）。

可抵扣的进项税额：

（1）甲材料：300×80/10000×3％＝0.072（万元）。

（2）乙材料：300×50/1000×11％＝0.165（万元）。

（3）丙材料：300×30/10000×17％＝0.153（万元）。

（4）机械费：300×10/10000＝0.300（万元）。

可抵扣的进项税额合计＝0.072＋0.165＋0.153＋0.300＝0.690（万元）。

应缴纳增值税额＝销项税－可抵扣的进项税＝1.104－0.690＝0.414（万元）。

问题 4：

（1）B 分部分项价款增减＝（900－800）×380/10000×（1＋5％）×（1＋11％）＝4.429（万元）。

B 分项工程安全文明施工费调整＝4.429×5％＝0.221（万元）。

新增分项工程 D 分项工程安全文明施工费调整＝11.140×5％＝0.557（万元）。

该工程竣工结算合同价增减额为＝4.429＋0.221＋11.140＋0.557－5×（1＋5％）×（1＋11％）＝10.520（万元）。

（2）竣工结算最终付款＝（91.142＋10.520）×（1－3％）－87.099＝11.513（万元）。

亲爱的读者：

如果您对本书有任何**感受、建议、纠错**，都可以告诉我们。我们会精益求精，为您提供更好的产品和服务。

祝您顺利通过考试！

扫码参与调查

环球网校造价工程师考试研究院